汉竹主编●亲亲乐读系列

# 可爱啊！
# 辅食

薄
左小

汉竹图书微博
http://weibo.com/hanzhutushu

江苏凤凰科学技术出版社
全国百佳图书出版单位

"我们有没有希望，两个人，一个房子，一个家，如果能养一只狗，如果门前有池塘，我就是公主，和你住在天堂，如果这样太寂寞，生个小孩也不错……"心中的歌唱着唱着，和爱的人手牵手，走着走着，共有了一个小家，然后拥有了我的宝贝女儿，再然后，有了二宝。

还记得第一次当妈妈的时候，在产房里，听到宝贝的第一声啼哭，感恩、激动、满足的心情源源不断地涌出我的心门，当然还交织着一丝丝新手妈妈的惶恐，真是迫不及待地想要拥抱她。把小小的她搂进我的臂弯，就像搂住一个美丽新世界。

宝贝咿呀学语、蹒跚学步，在她的美丽世界里，原先饭来张口的妈妈也在不断成长着：喂奶、换洗尿布、洗澡、喂辅食……幸福的谜底，就是生活每一天的惊喜。

"妈妈，我还要吃！"当大宝捧着我做的食物，扬起的嘴角真是美丽的风景。7年后，当二宝那双肉呼呼的小手开始抓起勺子挥舞时，我不仅又重温了这一种无与伦比的幸福，而且有了更多的从容和自信。看着孩子们，你会发现原来生活的模样是这般美好。

亲爱的妈妈，
真棒！

薄衣（过先）

2017 年 2 月

# 目录
Contents

### 辅食
### 制作全攻略

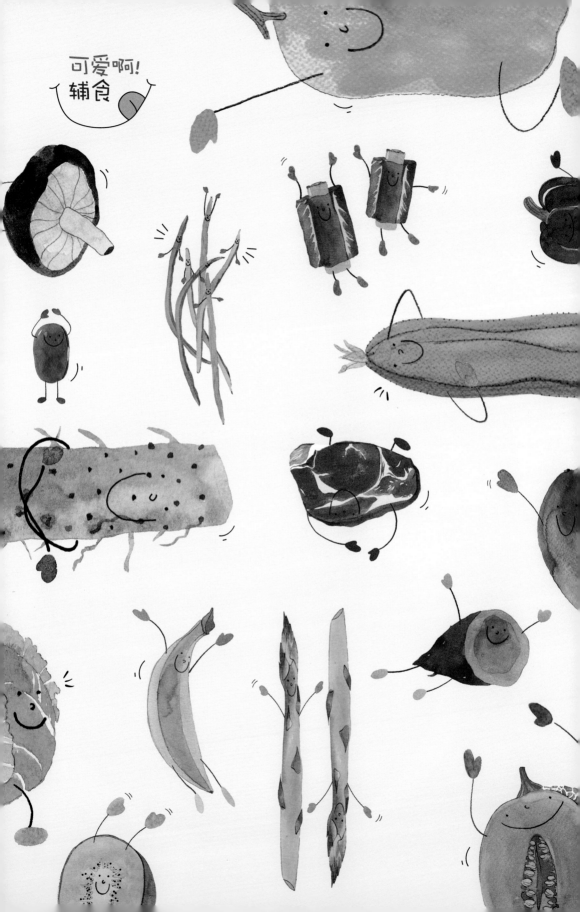

辅食制作
全攻略

# 我家宝宝从6个月开始添加辅食

给宝宝添加辅食是从4个月开始，还是6个月？养大宝的时候，我听专家们都说4个月可以开始喂辅食了。等到养育我家这第二个"小吃货"的时候，我听到了另一种声音：宝宝6个月的时候添加辅食比较好，因为这个时候宝宝的身体发育状况，对食物营养的需求都是添加辅食的好时机。

二宝6个月的时候开始长牙了，稍微扶着点，他就能在儿童餐椅上坐得稳当当。"小吃货"老是盯着我们大人的食物看，还动不动想伸手来抓我们碗里的饭菜。把食物端到他面前的时候，他会自觉张开小嘴。那馋样好像在说："妈妈，我要吃辅食！"

"你家宝宝那么早就能吃辅食啦？""我宝宝6个月了，还是喂不进辅食哎！"孩子吃饭，早也不好，晚也不好，做妈妈的总会有操不完的心。其实，每个宝宝的体质和发育情况都不一样，具体什么时候吃辅食还要由他自己"决定"，千万别把添加辅食当作是宝宝间的比赛。

还有些爸妈觉得，宝宝既然已经开始吃辅食了，就可以不喂奶了。其实，听营养师说，为了宝宝好，还是坚持喂到2岁吧。在2岁以前，宝宝的主食还是奶，可不能让辅食"抢占"主食的地位。

# 让宝宝慢慢适应

喂孩子吃饭有多难，当你成为一个孩子的母亲就懂了。喂大宝的时候，"辅食"这个词都还没叫顺口，手足无措的我就在妈妈和婆婆的帮助下，想方设法给孩子做各种泥泥糊糊，然后小心地喂她吃，刚开始孩子只能吃进去一点点，还常常吃得满下巴都是。慢慢地，大宝自己就会拿起勺子吃饭了，孩子一点点的进步，对我来说却是莫大的成就感。到喂二宝的时候，我也算是摸索出了一些门道：

一次只添加一种。刚开始添加辅食的时候，我很谨慎，将孩子能吃的食材一种一种添加，这样就算出现了过敏反应也能知道是对哪种食材过敏，以后就可以避免。在选择食材上，一定要小心再小心。

先少量，再增量，由稀到稠。孩子一开始都不肯吃辅食，大多数辅食都被弄到脸上和围嘴上，后来我就半勺半勺喂，等孩子完全适应了再慢慢增量，这样反而比较容易接受。

## 辅食添加的原则：

每次只添加一种新食物，由少到多、由稀到稠、由细到粗，循序渐进。从一种富含铁的泥糊状食物开始，如强化铁的婴儿米粉、肉泥等，逐渐增加食物种类，逐渐过渡到半固体或固体食物，如烂面、肉末、碎菜、水果粒等。每引入一种新的食物应适应2~3天，密切观察是否出现呕吐、腹泻、皮疹等不良反应，适应一种食物后再添加其他新的食物。

## 辅食添加的小信号：

1. 宝宝自己能坐稳，口水变多，会挺起脖子成45°。

2. 宝宝对辅食感兴趣，当大人吃东西时，宝宝会盯着看，有时还会想抢勺子。

3. 宝宝的推舌反应逐渐消失，不会再用舌头把喂辅食的勺子顶出来，能吞咽辅食。

4. 宝宝能抓住食物或奶瓶，准确地放进自己嘴里，并且能吞下食物。

# 6个月的宝宝能吃蛋黄吗

记得大宝刚开始吃辅食的时候，孩子的爷爷奶奶总说吃蛋黄好，有营养，我也就信了，但是后来有懂营养学的朋友跟我说，其实蛋黄并没有长辈们说的那么高的营养价值，而且有些宝宝很容易对蛋黄过敏。现在想起来，心里是三分侥幸："幸好，大宝当时没过敏。"在给二宝添加蛋黄的时候，我就变得谨慎多了，到宝宝7个月末的时候，我才开始在辅食中加了少量蛋黄，逐渐加量，同时注意其他辅食的引入，而不是只给蛋黄。同时劝爷爷奶奶不要在二宝的辅食里"偷偷"地加蛋黄。

蛋黄要谨慎、逐步添加，蛋白则是宝宝1岁以后才能添加的食物。现在过敏的宝宝越来越多了，医生也说孩子很容易出现蛋白过敏，所以像奶酪、牛奶这些蛋白质食物，都应该在宝宝满1岁以后再吃。在这样的"喂养进程"中，宝贝吃得开心，成长也算顺利，我基本上没操心宝贝过敏等问题。我特别感谢孩子的爷爷奶奶支持我对二宝的科学喂养。

# 辅食中盐、糖要不要加

作为一个"美食控"，我对做饭做菜有一定的"强迫症"：菜品颜值要高，口味要诱人。但是宝贝要吃的食物需要这么"折腾"吗？其实越简单越好！

实际上，宝贝所需要的盐，食物本身含有的量就足够了，不需要在辅食中额外添加。因为宝宝的肾脏发育还不够成熟，吃了加盐的辅食很可能加重肾脏负担，也会使得宝贝的口味越来越重，摄入的盐越来越多。而在食物中加糖很容易造成孩子蛀牙。其余一些"重口味"的调料就更别提啦。为了养好"小吃货"，做妈的也一定不能"任性"啦。

# 用什么油做辅食最好

开始给宝宝添加辅食的宝妈总会为这个问题苦恼，我也一样。不少妈妈都会选择最贵的烹调油，其实这么做没有必要。不同种类的油有不同的特点，最贵的不一定是最好的。

给两个宝贝做辅食的过程中，我试过很多种类的油，像玉米油、大豆油、橄榄油，这些油妈妈们可以交替着使用。这期间也可以添加核桃油、亚麻籽油等，这些油富含 α-亚麻酸，对宝宝发展非常有利。

# 怎么让宝宝吃饭不"捣蛋"

宝宝不好好吃饭，这个话题想必各位爸妈都有一肚子苦水要吐。吃个饭，要哄着喂，追着喂，食物弄得到处都是。我家大宝1岁半的时候就能自己好好吃饭了，和朋友聚餐把她带上，我也能安安心心地用餐。不要觉得不可思议，其实你家宝贝也可以的。

宝宝从8个月开始就有抓握能力，可以给他们一些大块的西蓝花、苹果之类的东西去尝试，一边让宝宝高兴地吃着，一边告诉宝宝"不可以玩"。从"手指食物"（可以让宝宝抓在手中的食物）开始，引导宝宝自己用勺子吃饭，也是培养他们吃饭兴趣的方法之一。

## 营养师说：

孩子的第一口辅食吃什么？我的建议是从含铁的米粉或者肉泥开始。大部分婴儿出生时体内已经储存了足量的铁来预防贫血。母乳喂养的婴儿大约在6个月大的时候，就应该开始给他添加富含铁元素的辅食，这样可以保证宝宝获得正常发育所需要的铁元素。蛋黄的铁含量其实比较有限，而且对有些宝宝来说，比较容易引起过敏，所以应该逐步添加。

# 挑食不是宝宝的错

　　厨房里的"超人妈妈"都是被挑食宝贝逼着练出"战斗值"的。其实也难怪孩子，我们大人都希望自己的一日三餐能吃出"七十二变"来，更别说孩子了。孩子在1岁半以后开始有自己的口味选择，而且"小吃货"绝对会换着花样向你抗议："妈妈，我要吃更好吃的！"大宝只要看到有不喜欢的食物就一口都不肯吃，好在身为亲妈的我也算是"百炼成钢"，从不辜负她对妈妈的期待。如果你家宝贝也爱挑食，不妨试试这些方法。

　　**宝宝都是"外貌控"。**大人都喜欢吃"好看"的菜，宝宝更是如此。食物若味道清淡，就多变换造型，今天做成小猪的模样，明天做成米老鼠的模样，把食物的颜色搭配得丰富一些，宝宝看着喜欢，自然也愿意吃啦。

　　**餐具有"魔力"。**我就是个餐具购买狂人，一看到可爱的宝宝餐具，就"买买买"。大宝最喜欢的一个盘子，盘底有个大花猫，她胃口不太好时候我会哄她："宝贝，再吃几口，你就能看到那个大花猫啦！"这个方法基本上屡试不爽。

　　**善用"障眼法"。**大宝不喜欢吃胡萝卜，但很喜欢吃带馅的小包子，我就把胡萝卜剁碎，包在饺子馅里，看不到她讨厌的胡萝卜，她也吃得香香的。

　　**带头"不挑食"。**如果大人挑剔食物，宝宝肯定也会拒绝这类食物。所以如果宝宝偏食挑食，先看看自己是不是也如此。

# 快速做辅食，我也有妙招

给宝贝做辅食尽量选择那些材质和功能都好一点的工具，这样不仅对宝宝的健康有益，妈妈也能省心省力不少。当然，不常用的一些辅食工具，其实也是可以用家里的常用工具来替代的。

## 给宝宝制作辅食，我的常用工具

**小汤锅：** 烫熟食物或煮汤用，也可用普通汤锅，但小汤锅省时省能，是妈妈的好帮手。

**研磨棒：** 可将食物磨成泥，是辅食添加前期的必备工具。使用前需将研磨器用开水浸泡一下消毒。

**榨汁机：** 最好选购有特细过滤网，可拆卸部件清洗的榨汁机。

**削皮器：** 居家必备的小巧工具，便宜又好用。给宝宝专门准备一个，与平时家用的区分开，以保证卫生。

**擦丝器：** 可以快速将较硬的食材擦成细丝或碎渣状。

**过滤勺：** 用来过滤食物渣滓。

## 辅食制作小窍门

1. 水果蔬菜烹饪之前洗净，用清水或淡盐水浸泡半个小时。

2. 要顺着蔬菜和肉的纤维垂直下刀。

3. 想要煮出质软且颜色翠绿的蔬菜，水一定要充分沸腾。

4. 煮少量的汤时，可以将小汤锅倾斜着烧煮。

5. 适当使用微波炉制作少量辅食。

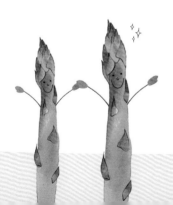

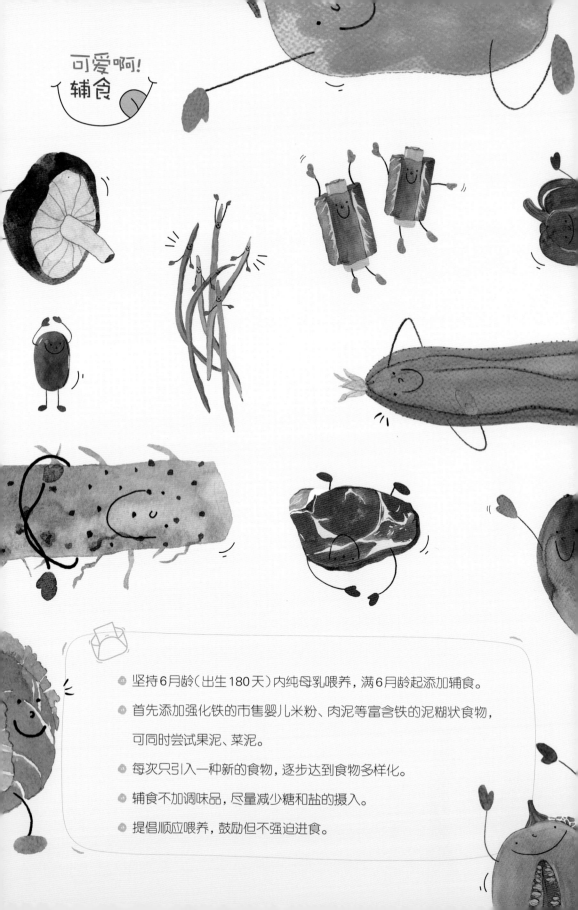

可爱啊！
辅食

- 坚持6月龄（出生180天）内纯母乳喂养，满6月龄起添加辅食。
- 首先添加强化铁的市售婴儿米粉、肉泥等富含铁的泥糊状食物，
  可同时尝试果泥、菜泥。
- 每次只引入一种新的食物，逐步达到食物多样化。
- 辅食不加调味品，尽量减少糖和盐的摄入。
- 提倡顺应喂养，鼓励但不强迫进食。

# 6个月

## 初体验，舔舔
## 小·嘴开动啦

**一天膳食安排**

🕖 早上7点：母乳/配方奶

🕙 早上10点：母乳/配方奶

🕛 中午12点：泥糊状的辅食，如婴儿米粉、肉泥、菜泥、果泥等

🕒 下午3点：母乳/配方奶

🕕 下午6点：泥糊状的辅食，如婴儿米粉、肉泥、菜泥、果泥等

🕘 晚上9点：母乳/配方奶

🕛 夜间：可逐步断夜奶，根据需要也可母乳/配方奶喂养1次

# 猪肝泥

## 准备好：

新鲜猪肝20克

## 这样做：

1 将猪肝剔去筋膜，切成片状，用清水浸泡2小时以上，中途换几次水；① 》

2 将处理好的猪肝放入蒸锅内，大火蒸10分钟左右；② ③ 》

3 取出蒸熟的猪肝，加少许热水放入料理机内，搅打成猪肝泥即可。④ 》

脱下我的透明衣 ▶

## 宝贝很爱吃

刚开始给宝贝添加辅食,小家伙一直哭闹,不愿吃,也就没再勉强他吃,过了几天再试,很愉快地全部吃光。所以,宝宝也是有情绪的,妈妈要有耐心。

6个月以上

# 鳕鱼泥

**准备好：**

鳕鱼肉50克

**这样做：**

1 将鳕鱼肉化冻；① 》

2 将化冻后的鳕鱼肉放在蒸锅上蒸熟；② 》

3 将蒸好的鱼肉放入料理机中，搅打成鱼肉泥即可。
　③ ④ 》

解除冰雪的封印魔法

## 宝贝很爱吃

辅食的颜色太单调？那就用上颜色鲜亮的餐
具吧！总能一秒就吸引宝宝的注意力，看着他
那小狼虎劲儿，真是个标准小吃货。

# 葡萄汁

## 准备好：

新鲜葡萄50克
温水适量

## 这样做：

1 将葡萄洗净，去皮、去籽；① 》

2 将葡萄放进榨汁机内，加入适量温水后一同打匀，
  过滤出汁液即可。② 》

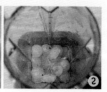

葡萄里的葡萄糖

我所含的较多糖分中，大部分是容易被人体吸收的

葡萄糖，非常适合消化能力弱的宝宝吃。

小叮咛

给6个月的宝宝喝橙汁，
要先把果肉过滤掉。

## 橙汁

**准备好：**

橙子1个

**这样做：**

1 橙子和橙汁研磨器分别洗净备用；

2 将橙子从中间一切为二，反扣在橙汁研磨器上；
　①》

3 用力旋转按压，挤出橙汁即可。②》

# 草莓泥

## 准备好：

草莓100克

## 这样做：

1 将草莓冲洗干净，用淡盐水浸泡20分钟；

2 用凉开水将草莓冲洗干净，去蒂；① 》

3 将草莓放在研磨碗内磨成草莓泥即可。② 》

摘下"头上"的"发夹"

## 🍴 宝贝很爱吃

不论是外形，还是味道。草莓向来是大受宝贝欢迎的一种水果，今天给他做一份草莓泥，小家伙舔着小嘴，总觉得不够吃呢。

## 芋头泥

6个月以上

**准备好：**

芋头50克
配方奶100毫升

**这样做：**

1 将芋头清洗干净，去皮、切成条；① 》

2 放入蒸锅内蒸熟；② 》

3 将蒸熟的芋头捣烂成泥后，和配方奶一起放入锅中，加热后混合均匀即可。③ 》

芋头里的氟

我所含的矿物质中，氟的含量较高，

可以保护宝宝的牙齿，预防龋齿。

## 小叮咛

选择南瓜时，尽量挑选外皮橙红、颜色较深、粗糙一点的南瓜。虽然样子不好看，但是味道甜美，更受宝宝喜欢。

# 南瓜泥

### 准备好：

南瓜50克

### 这样做：

1 南瓜削去皮，切成厚片，放入蒸锅内蒸至熟软；① 》

2 放入研磨碗的过滤网上，用勺子按压成细腻的南瓜泥即可。② ③ 》

# 菠萝梨汁

## 准备好：

菠萝50克
雪梨50克
温水适量

## 这样做：

1 菠萝去皮，切成小块，放入锅中稍煮；① 》

2 雪梨去皮、去核，切块；② 》

3 将煮过的菠萝块和雪梨块一起放入榨汁机中，加入适量温水榨汁，过滤出汁液即可。③ 》

**小叮咛**

真空打制果汁可以更好地保存食物的营养。想给宝宝换换口味,可以把苹果换成梨。

6个月以上

# 苹果莲藕汁

## 准备好:

莲藕100克
苹果1个

## 调料:

柠檬汁约10毫升

## 这样做:

1 莲藕洗净切小块,苹果去皮、去核后切块状; ① 》

2 将莲藕和苹果块放入真空料理机内,按水位线加入温水和柠檬汁,启动"真空打制"即可。② 》

6个月 初体验,舔舔小嘴开动啦

31

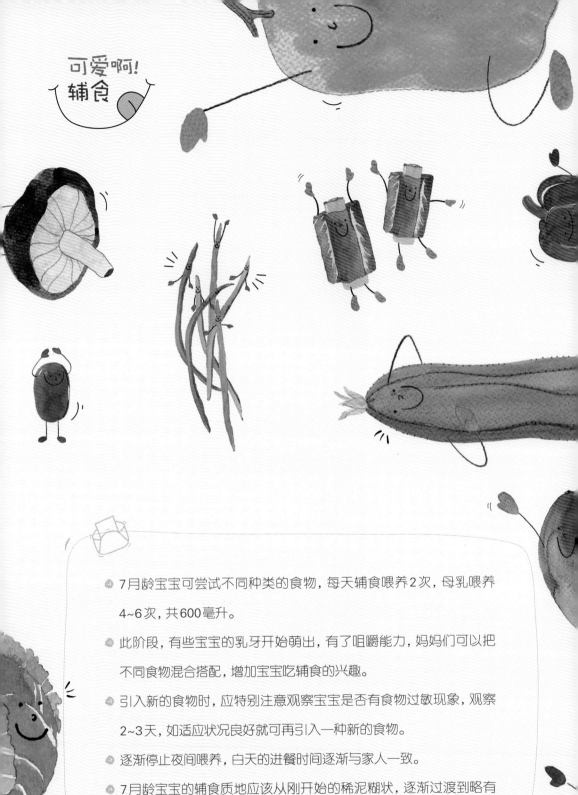

可爱啊！
辅食

- 7月龄宝宝可尝试不同种类的食物，每天辅食喂养2次，母乳喂养4~6次，共600毫升。
- 此阶段，有些宝宝的乳牙开始萌出，有了咀嚼能力，妈妈们可以把不同食物混合搭配，增加宝宝吃辅食的兴趣。
- 引入新的食物时，应特别注意观察宝宝是否有食物过敏现象，观察2~3天，如适应状况良好就可再引入一种新的食物。
- 逐渐停止夜间喂养，白天的进餐时间逐渐与家人一致。
- 7月龄宝宝的辅食质地应该从刚开始的稀泥糊状，逐渐过渡到略有颗粒感的厚泥糊状，此时也可常常混合果泥、蔬菜泥等。

# 7个月
## 来点混合泥泥

**一天膳食安排**

🕖 **早上7点:** 母乳/配方奶

🕙 **早上10点:** 母乳/配方奶

🕛 **中午12点:** 各种泥糊状的食物，如婴儿米粉、肉泥、菜泥、果泥等

🕒 **下午3点:** 母乳/配方奶

🕕 **下午6点:** 各种泥糊状的辅食，如婴儿米粉、肉泥、菜泥、果泥等

🕘 **晚上9点:** 母乳/配方奶

🕐 **夜间:** 可逐步断夜奶，根据需要也可母乳/配方奶喂养1次

# 香米糊

## 准备好：

糙米 10 克
小米 20 克
大米 20 克
温水适量

## 这样做：

1 糙米、小米洗净，提前一夜浸泡；① 》

2 大米洗净，和泡好的糙米、小米一起放入电饭煲内，加适量温水，按下"煮饭"键；② 》

3 将煮熟的米饭倒入料理机内，添加适量温水，搅打成米糊即可。③ ④ 》

洗呀洗呀洗澡澡

## 宝贝很爱吃

谷物是不容易引起宝宝过敏的食材之一，自制的
米糊带有浓浓的米香味儿，刚出锅，就引得宝宝
探着脑袋来"觅食"。

7个月以上

# 玉米鸡肉泥

## 准备好：

鸡肉30克
玉米粒50克

## 这样做：

1 玉米洗净，沥干水分，放入沸水中煮熟；① 》

2 将煮熟的玉米捞出，放入料理机中，加入少量白开水，搅打成玉米泥；② 》

3 鸡肉洗净，放入锅中，加入清水，煮熟；③ 》

4 将煮熟的鸡肉捞起，切成小块，放入料理机中，加入少量白开水，搅打成鸡肉泥；④ 》

5 将玉米泥和鸡肉泥按照2：1的比例混合，拌匀即可。

泡个热水澡

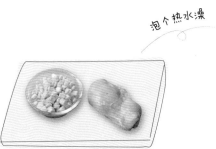
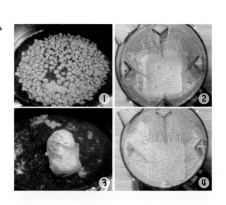

## 宝贝很爱吃

玉米和鸡肉打成泥后，口感特别细腻爽滑，我家宝贝对它的喜爱程度远
远超过其他辅食，每次吃完都会伸着小舌头在嘴边舔来舔去。

7个月以上

# 胡萝卜山药泥

## 准备好：

胡萝卜1/2根
铁棍山药1/2根
温水适量

## 这样做：

1 胡萝卜洗净，山药洗净去皮，分别切成薄片，蒸至熟软；① 》

2 将蒸熟的胡萝卜和山药放入料理机内，加入适量温水，搅打成泥即可。② 》

山药里的维生素

我富含蛋白质、B族维生素、碳水化合物等，营养高、易消化，非常适合给腹泻的宝宝补充营养。

# 红豆米糊

## 准备好：

红豆30克
熟米饭1碗
温水适量

## 这样做：

1 红豆提前浸泡一晚；

2 锅中加温水与红豆同煮（水∶红豆=3∶1），大火煮开转小火，煮至红豆软烂；

3 将煮熟的红豆与熟米饭一起放入搅拌机里，加入适量温水，搅打成稍黏稠的红豆米糊即可。

# 胡萝卜米糊

## 准备好：

胡萝卜1根
米粥1碗

## 这样做：

1 将胡萝卜洗净切片，放在蒸锅上蒸熟；

2 将胡萝卜和米粥一起放入料理机内，启动料理机，搅打成胡萝卜米糊即可。① ② 》

# 苹果米糊

## 准备好：

苹果1/2个
米粥1碗

## 这样做：

1 苹果洗净，去皮切成小块，和米粥一起放入小锅中；① 》

2 煮开后关火，晾至温热的状态；② 》

3 将煮好的苹果和粥一起放入搅拌机里，启动搅拌机，搅打成米糊即可。③ ④ 》

# 三色泥

## 准备好：

南瓜10克
番茄1/4个
嫩豆腐20克

## 这样做：

1 南瓜和番茄去皮，切块；① 》

2 将南瓜、番茄和嫩豆腐分别盛碗，放入锅内蒸熟；
② 》

3 取出蒸熟的南瓜、番茄和嫩豆腐，分别捣烂成泥，
盛入同一个碗内即可。③ ④ 》

跳到碗里来

## 宝贝很爱吃

豆腐和胡萝卜，想必是大多数宝宝不爱吃的两种食材，为了让
宝贝营养均衡、不挑食，就得在其他方面下点"功夫"。这份别
出心裁的三色泥一端上桌，我家的宝贝就目不转睛了。

# 蓝莓山药

## 准备好：

山药1小根
蓝莓酱少许
薄荷叶少许
温水适量

## 这样做：

1 将山药洗净，去皮后切成薄片放入盘中，用大火蒸20分钟，直到山药完全煮软，能用筷子戳透；① 》

2 将蒸好的山药放入碗中，用勺子压成细腻的泥状，加适量温水调匀；② ③ 》

3 将裱花嘴放入裱花袋中，再将山药泥装进裱花袋中，挤在容器中，可以淋上（不含糖的）蓝莓酱，缀上薄荷叶（装饰用，不可食用）。④ ⑤ ⑥ 》

别看我外表丑，里面可白嫩啦

**宝贝很爱吃**

像小小冰激凌一样的可爱模样，酸酸甜甜的滋味，
绝对会成为宝宝难以抗拒的美味。

7个月以上

 小叮咛

过滤玉米皮后制作的玉米汁更细腻，口感更好，也更适合宝宝的肠胃。

# 奶香玉米汁

## 准备好：

甜玉米1根
配方奶100毫升

## 这样做：

1 将甜玉米洗净后，用刀顺着玉米棒将玉米粒切下来，放入搅拌机内，搅打成玉米蓉；

2 用过滤网过滤掉玉米皮的碎渣，留下玉米浆备用；① 》

3 将玉米浆倒入小锅里，小火熬煮，边煮边倒入配方奶，直至煮沸即可。② 》

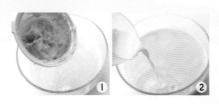

玉米里的膳食纤维

我含有丰富的膳食纤维，有利于预防宝宝便秘，而且对宝宝生长发育和智力提高都有很大的帮助。

7个月以上

# 紫薯黑米露

## 准备好：

紫薯1个
黑米饭1碗
温水适量

## 这样做：

1 准备好黑米饭，紫薯去皮，放入锅内蒸熟后取出；① 》

2 蒸熟的紫薯去皮切成小丁，和黑米饭一起放入料理机内，按水位线加入适量温水，启动"浓汤"功能即可。② ③ ④ 》

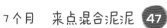

# 紫薯奶糊

## 准备好：

紫薯1个
配方奶150毫升

## 这样做：

1 紫薯洗净去皮，放入锅内蒸熟；① 》》

2 把蒸熟的紫薯切成小块，放入料理机杯中，倒入冲好的配方奶；② 》》

3 启动料理机，搅打成奶糊即可。③ 》》

沾沾"仙"气就熟了

1  2  3

 ## 宝贝很爱吃

用甜糯的紫薯奶糊唤醒宝贝早晨的胃口吧。虽然没
有专业咖啡师的拉花技艺，但在奶糊上作画，再看
他美美地吃完一整碗，妈妈超有成就感！

# 奶香南瓜羹

## 准备好：

南瓜50克
配方奶150毫升

## 这样做：

1 将南瓜去瓤去皮后切片，放入蒸锅中蒸10~15分钟，至南瓜熟软；① 》

2 将蒸软的南瓜用搅拌机搅成南瓜泥；② 》

3 将南瓜泥倒入锅中，加入配方奶奶液；③ 》

4 小火加热，其间注意用勺搅拌，以免粘锅；④ 》

5 煮至微微沸腾即可。

阳光般的色彩给你温暖

## 宝贝很爱吃

香香糯糯的南瓜羹，入口即化，还有宝宝
熟悉的奶味，真好吃！

# 胡萝卜苹果泥

## 准备好：

胡萝卜1/4根
苹果1/4个

## 这样做：

1 胡萝卜洗净切片，放入蒸锅里蒸15分钟至熟软；

2 苹果洗净，去皮、切块，放入蒸锅蒸3分钟；

3 将蒸好的胡萝卜和苹果放入搅拌机内，搅打成泥状即可。① ② 》

苹果里的锌

我所含的锌，可以让宝宝的大脑发育得更好，提升记忆力。

稍微蒸一下，更适合脾胃虚弱的宝宝食用。

**小叮咛**

豌豆食用过多容易引起宝宝腹胀，妈妈们给宝宝喂食时要注意适量。

7个月以上

# 奶香豌豆泥

## 准备好：

豌豆50克
配方奶150毫升
温水适量

## 这样做：

1 豌豆放入开水锅中煮至断生，晾凉后去掉豌豆皮，加入适量温水，搅打成豌豆豆浆；① ② 》

2 将豆浆倒入锅中，大火翻炒至水分变干、豆浆浓稠时，加入配方奶，继续翻炒至豆浆呈黏稠状即可。③ ④ 》

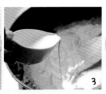

小叮咛

豌豆皮不易消化，喂宝宝吃的时候，最好先去掉豌豆皮再打成泥。

# 豌豆米粉

## 准备好：

豌豆50克
婴儿米粉30克

## 这样做：

1 豌豆洗净煮熟，去掉豌豆皮；① 》

2 将豌豆放入搅拌机内搅打成豌豆泥；② 》

3 婴儿米粉加少许开水调成糊，与豌豆泥混合均匀即可。

豌豆里的蛋白质

我所含的蛋白质可是优质蛋白质，对于宝宝成长来说，就是他身体的"建筑师"。

## 小叮咛

制作肝泥玉米最好选用新鲜的水果玉米，清脆多汁，甜嫩又爽口。

7个月以上

# 肝泥玉米

### 准备好：

水果玉米1根
猪肝20克
温水适量

### 这样做：

1 玉米做成玉米汁（做法见46页），倒入小锅里，小火熬煮，边煮边搅拌，直到煮成糊状，玉米泥就做好了；① ② 》

2 猪肝切片后浸泡出血水，蒸熟后放入搅拌机内，加适量温开水搅打成猪肝泥，搭配玉米泥一起食用。③ ④ 》

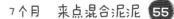

# 山药枣泥

## 准备好：

山药1段
红枣适量
心形模具
香菜叶少许

## 这样做：

1 将山药去皮切片后平铺在盘子里，红枣用清水浸泡1小时，把去了核的红枣加一倍的水放入锅中煮至红枣熟软；① ②》

2 把红枣放在筛网上，用勺子按压过筛，过筛出枣泥备用；③ ④》

3 山药放在蒸锅上蒸至完全熟软，用研磨碗碾压成细腻的山药泥，取一个心形模具，先填入山药泥，再填入红枣泥，最后再填一层山药泥，脱模取出即可。（装盘后可在表面用洗净的香菜叶作装饰）⑤ ⑥》

我们最般配，比心

 ## 宝贝很爱吃

软糯的山药配上微甜的红枣，妈妈的爱都
融在了这颗小小的爱心里，让宝宝用自己的
小手慢慢探索吧！

可爱啊！
辅食

- 8个月大的宝宝一般能够用手抓住小颗粒的食物，可以开始鼓励宝宝自主进食。
- 此阶段，给宝宝选择的食物形态应该以柔嫩、半固体为主，还可以吃一些用叉子捣碎的香蕉、土豆泥，或者是浓一点的汤。
- 汤或泥糊中可以含一些细小的软固体，让宝宝练习咀嚼。
- 宝宝的消化能力也在逐步增强，此时可以给宝宝喂点富含蛋白质的食物，如蛋黄、鱼等。
- 辅食中可以适量添加植物油。
- 9个月，宝宝的辅食以细碎为主，食物可以不必制成泥或糊。本阶段，宝宝能够接受各种捣碎的食物，辅食可以做得多样些，可以为宝宝制作烂面、豆腐、肉末、肉末（蓉）粥等。
- 宝宝已经很喜欢用自己的手抓取食物了，所以妈妈可以把水果、面包等切成小块，让宝宝自己握在手中吃。

# 8～9个月
## 粥和汤，好好喝

**一天膳食安排**

🕖 早上7点：母乳/配方奶

🕙 早上10点：母乳/配方奶

🕛 中午12点：除了泥糊状的食物，可以尝试进食末状食物

🕒 下午3点：母乳/配方奶

🕕 下午6点：除了泥糊状的食物，可以尝试进食末状食物

🕘 晚上9点：母乳/配方奶

🕐 夜间：可逐步断夜奶，根据需要也可母乳/配方奶喂养1次

# 鸡胸肉软粥

## 准备好：

鸡胸肉20克

米粥1碗

## 这样做：

1 将鸡胸肉洗净、剁成末；① 》

2 锅内倒入米粥，加入鸡胸肉末，熬煮至软烂即可。② ③ 》

肉香溶解进米香

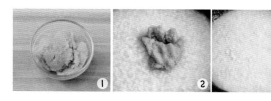

🧒 **宝贝很爱吃**

黏黏的，香香的，鸡肉里也有不少的铁元素呢，
这小小的食物，可有大大的能量！

# 西蓝花蛋黄粥

## 准备好：

西蓝花3朵
熟鸡蛋1个
大米50克

## 这样做：

1 剥去鸡蛋壳，取蛋黄部分；

2 将蛋黄磨碎，然后取一半的量；① 》

3 将西蓝花放入清水中浸泡半小时左右，放入沸水中焯熟后切碎；② 》

6 大米洗净，以大米：水=1：5的放入电饭煲内，煮成米粥；③ 》

5 取米粥倒入锅中，加入蛋黄煮沸，然后加入西蓝花碎，稍煮一卜，拌匀即可。④ ⑤ ⑥ 》

打开我的神秘"外壳"

##  宝贝很爱吃

黄灿灿和绿油油的色泽一下就能吸引住宝
宝的目光，挖一勺米粥，还没送到他嘴里，
那小嘴就张得大大的了。

# 胡萝卜小米粥

## 准备好：

小米50克
胡萝卜1/4根

## 这样做：

1 小米淘洗干净，加适量清水放入小锅里煮成小米粥；

2 胡萝卜洗净，切成薄片，蒸熟后用勺子碾压成胡萝卜碎；

3 将胡萝卜碎与煮好的小米粥混合拌匀即可。

小米里的维生素B₁

我的维生素B₁含量位居所有粮食之首，粥里有了我，营养价值丰富，味道也更香。

# 菠菜鸡肉粥

## 准备好：

菠菜 20 克
鸡肉 20 克
软米饭 1 碗

## 这样做：

1 菠菜洗净剁成细末，鸡肉洗净搅成鸡蓉；① 》

2 将软米饭放入小奶锅，加适量清水，熬煮成粥；② 》

3 在粥中加入鸡蓉，拌匀后继续熬煮；③ 》

4 到鸡蓉变熟时加入菠菜末，拌匀，继续熬煮至熟即可。④ 》

# 红枣莲子米糊

## 准备好：

红枣8颗
莲子适量
温水适量

## 这样做：

1 红枣去核、洗净，莲子洗净后加清水煮至熟软；
① 》

2 将煮熟的莲子和去核的红枣放入真空料理机内，
按水位线加入适量温水，启动"真空打制"功能，
搅打十几秒即可。② 》

红枣里的维生素C

我的维生素C含量很高，它能促进铁的吸收，
是宝宝不能缺少的维生素之一。

**小叮咛**

给8个月的宝宝吃糙米糊,不仅不会伤害宝宝的胃,还能补充膳食纤维,促进宝宝肠胃消化。

# 南瓜糙米糊

**准备好:**

南瓜30克
燕麦30克
糙米40克
温水适量

**这样做:**

1 将糙米和燕麦提前浸泡2小时以上,南瓜去皮、去瓤,切成块;

2 将所有材料放入豆浆机内,按水位线加入适量温水,启动豆浆机"米糊"功能。① ②》

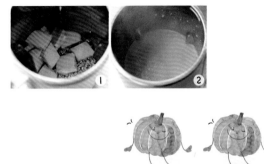

# 鳝鱼山药粥

**准备好：**

鳝鱼 50 克
大米 50 克
山药 20 克

**这样做：**

1 将山药先洗，再去皮，切小块；① 》

2 将鳝鱼去骨、去内脏，洗净、切小段；② 》

3 大米洗净；

4 锅内放入适量清水，煮开后放入山药块、鳝鱼段
  和大米，煮至食材全熟即可。③ ④ 》

肉肉和菜菜，混搭才香香

## 宝贝很爱吃

碗里的鳝鱼和山药虽然只是零星一点，但营养价值却不少，以后就会贪恋这碗粥啦。

1 cup

8个月以上

小叮咛
菠菜先用水焯一下是为了去除菠菜中的草酸。

# 菠菜蛋黄粥

## 准备好：

菠菜20克
鸡蛋1个
大米50克

## 这样做：

1 大米淘洗干净，加适量清水煮成白米粥备用；① 》

2 菠菜洗净焯水后切末，放入锅中加少许水煮成糊状；
   ② 》

3 鸡蛋煮熟，取出蛋黄，用汤匙碾成细末备用，菠菜连同煮的水一起盛出备用；③ 》

4 将煮好的白粥、菠菜泥和蛋黄一起搅拌后即可。④ 》

# 蛋黄南瓜小米粥

## 准备好：

南瓜 20 克
小米 50 克
鸡蛋 1 个

## 这样做：

1 小米洗净，放入小锅里，加适量水煮成小米粥；① 》

2 鸡蛋煮熟后取出蛋黄，南瓜去皮切成薄片蒸熟；② 》

3 蛋黄用勺子碾压成蛋黄细末，南瓜碾压成南瓜泥；③ 》

4 将南瓜泥与煮好的小米粥混合拌匀，再搭配上蛋黄细末即可。④⑤ 》

9个月以上

# 骨汤萝卜粥

## 准备好：

大米50克
白萝卜1/5根

## 调料：

骨头汤1碗

## 这样做：

1 大米洗净后沥干水分，用搅拌机搅打成米碎，将米碎放入锅中，再倒入骨头汤，大火煮开后转小火，熬至黏稠软烂；① 》

2 将骨头上的瘦肉剔下来碾碎，再将白萝卜切成小丁，一起加入粥中，再煮10分钟至萝卜软烂即可。② 》

# 芦笋口蘑汤

### 准备好：

芦笋2根
口蘑5朵

### 调料：

植物油1汤匙

### 这样做：

1 将芦笋、口蘑洗净，切碎；① 》

2 锅内倒入植物油烧热，放芦笋、口蘑略炒；② 》

3 锅内加适量清水，煮至食材软烂即可。③ ④ 》

# 薄荷鱼片汤

## 准备好：

草鱼1段
薄荷叶少许

## 调料：

姜1片
干淀粉适量
核桃油1汤匙

## 这样做：

1 将草鱼肉片下来(去刺)，鱼骨切成段备用，鱼片抓匀，再加入干淀粉拌匀；① ② 》

2 炒锅里倒油烧热，加姜片爆香，放入鱼骨翻炒几下，倒入足量清水，大火烧开后转中火煮至汤色奶白；③ 》

3 捞出汤里的鱼骨，倒入鱼片，大火将鱼片煮熟后，放入洗净的薄荷叶(装饰用，不可食用)，盛出即可。④ ⑤ 》

武器消失了，皮肤白又滑

## 宝贝很爱吃

剔除了鱼骨的鱼肉，妈妈也更放心，宝宝一口一片，
嫩滑的口感，忍不住多吃几口。

可爱啊！
辅食

- 10~12月龄婴儿每天添加2~3次辅食，母乳喂养3~4次。

- 每天奶量约600毫升；蛋黄1个，畜禽鱼50克；厚稠的粥、软米饭、馒头等谷物类；继续尝试不同种类的蔬菜和水果，并根据婴儿需要增加进食量。

- 此阶段是宝宝学习咀嚼的关键期，不要晚于10个月才给宝宝吃带颗粒的、需要咀嚼的食物。

- 可以尝试碎菜或让宝宝自己啃咬香蕉、煮熟的土豆和胡萝卜等。

- 停止夜间喂养，一日三餐时间与家人大致相同，并在早餐至午餐、午餐至晚餐间各安排一次点心。

# 10~12个月
## 软米饭，香喷喷

**一天膳食安排**

🕐 **早上7点**：母乳/配方奶，加婴儿米粉或其他辅食（以喂奶为主，需要时再加辅食）

🕙 **早上10点**：母乳/配方奶

🕛 **中午12点**：各种厚糊状或小颗粒状辅食，可以尝试软饭、肉末、碎菜等

🕒 **下午3点**：母乳/配方奶，加水果泥或其他辅食（以喂奶为主，需要时再加辅食）

🕕 **下午6点**：各种厚糊状或小颗粒状辅食

🕘 **晚上9点**：母乳/配方奶

# 彩虹牛肉软饭

## 准备好：

糙米粉100克
紫甘蓝10克
南瓜20克
四季豆15克
牛肉20克

## 这样做：

1 牛肉煮熟后，剁成肉泥备用；

2 所有蔬菜洗净后，分别切碎末；① 》

3 紫甘蓝、南瓜、四季豆末和牛肉泥中分别加入糙米粉，使其被糙米粉均匀包裹；② 》

4 将拌匀后的牛肉泥铺在盘子底部，上面放蔬菜；③ 》

5 将盘子放入蒸锅中，大火蒸20分钟至熟即可。④ 》

召唤彩虹能量！

## 宝贝很爱吃

买了"圣诞树"款的餐盘，装满新学会的彩虹牛肉软饭，即使是平凡的日子，也瞬间有了节日氛围。宝贝像是收到了心爱的礼物，脸上洋溢着幸福的笑容。

10个月以上

# 胡萝卜鳕鱼粥

## 准备好：

鳕鱼20克
胡萝卜1/4根
柠檬1片
大米50克

## 这样做：

1 将大米淘洗干净，放入锅中，熬煮成粥；

2 胡萝卜洗干净，切成细末，放入锅中，拌匀，继续熬煮10分钟后盛出，放入碗中；① 》

3 鳕鱼自然解冻后洗净，柠檬片铺在鳕鱼块上，放入蒸锅，大火蒸7分钟；② 》

4 鳕鱼挑出刺后放入搅拌机打成鱼泥；

5 在粥中倒入鳕鱼泥混合均匀即可。③ 》

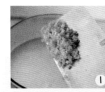

# 芦笋虾仁粥

## 准备好：

芦笋尖1根
虾仁5个
软米饭1碗
温水适量

## 调料：

橄榄油1茶匙

## 这样做：

1 软米饭倒入锅中，倒入适量温水，淋入橄榄油，大火煮开后转小火；① 》

2 虾仁和芦笋尖分别洗净、切碎，放入粥中同煮；② ③ 》

3 待虾仁变色、芦笋变软即可。④ 》

小叮咛

高汤用去油的鸡汤、骨头汤都可以，妈妈可以根据家里现有的食材来自由搭配。

Natural

# 南瓜肉蔬糊

## 准备好：

南瓜30克
土豆1个
猪里脊肉30克

## 调料：

无盐高汤1碗

## 这样做：

1 将南瓜和土豆去皮，切成厚片，放入蒸锅中蒸熟；① 》

2 将猪里脊肉洗净、剁碎备用；

3 南瓜和土豆蒸熟后用勺子碾压成南瓜碎末和土豆碎末，锅里倒高汤，加入南瓜碎末、土豆碎末，放入剁碎的肉末煮熟即可。② 》

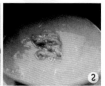

南瓜里的维生素C

我的维生素C含量比苹果、葡萄都高一些，能为宝宝补充充足的营养。

## 奶味苹果胡萝卜粥

**准备好：**

苹果1/2个
胡萝卜1/4根
配方奶100毫升
大米50克

**这样做：**

1 胡萝卜、苹果洗净，切块备用，大米淘洗干净；

2 锅置火上，倒入清水，放入大米煮至八成熟；① 》

3 放入胡萝卜块、苹果块煮15分钟至米成粥状，再倒入配方奶煮2分钟即可。②③④ 》

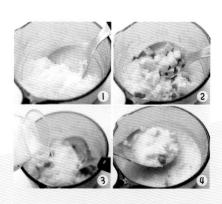

# 玉米红薯软面

## 准备好：

宝宝面条20克
红薯20克
玉米粒20克

## 这样做：

1 玉米粒洗干净，放入沸水中煮熟后，倒入搅拌机内，搅打成玉米泥；① 》

2 红薯洗净，去皮，切小块；

3 将红薯放入锅内蒸熟，取出后研磨成红薯泥；② ③ 》

4 锅内加水，将面条煮至软烂；④ 》

5 将煮好的面条盛入碗中，倒入红薯泥和玉米糊，搅拌均匀即可。⑤ ⑥ 》

粒粒麦泥泥

 **宝贝很爱吃**

面条中加入了软糯的红薯泥、细腻的玉米糊，
不仅是颜值得到了提升，口感也是满分，宝宝
当然爱不释"口"。

# 菌菇瘦肉粥

### 准备好：

大米50克
青菜1棵
口蘑2个
猪瘦肉20克
胡萝卜1/4根

### 这样做：

1 大米提前用清水浸泡30分钟，再加约500毫升清水煮成大米粥；

2 将猪瘦肉煮熟切成碎末，青菜焯烫一下后切成青菜碎，胡萝卜和口蘑也分别切成碎粒；① 》

3 大米粥里加入胡萝卜和口蘑碎粒煮熟，再加入青菜和瘦肉末煮熟。② 》

口蘑里的硒

我富含微量元素硒，还有蛋白质、多种维生素和矿物质，是助力宝宝成长的极佳食品。

# 胡萝卜瘦肉粥

**准备好：**

胡萝卜1/4根
猪瘦肉20克
大米50克
温水适量

**这样做：**

1 将大米淘洗干净，胡萝卜、猪瘦肉分别洗净剁碎；① ② 》

2 将大米、猪瘦肉碎、胡萝卜碎一起放入锅内，加适量温水煮成粥即可。③ ④ 》

# 翡翠鸡蓉

## 准备好：

青菜1棵
鸡胸肉50克
生鸡蛋黄1个

## 调料：

水淀粉适量
无调味高汤1碗

## 这样做：

1 青菜洗净后切成细末，鸡胸肉剁成肉末，将鸡蛋黄打入鸡肉蓉里，用筷子顺一个方向搅拌至上劲；① 》

2 锅里倒入高汤烧开，加入青菜末煮开，然后倒入水淀粉勾芡，将煮好的菜汤盛在碗里备用；② ③ 》

3 锅里再倒入水烧开，放入鸡肉蓉，大火烧至鸡肉蓉浮起，转小火煮熟，然后将煮好的鸡肉蓉捞出，放入装有菜汤的碗中即可。④ ⑤ ⑥ 》

剁剁剁，碎末末

## 宝贝很爱吃

鲜绿的青菜遇上鸡蓉,摇身一变成了"翡翠",
虽然宝宝不认识翡翠,但是你可以告诉他,翡翠
就像碗里的青菜一样,是绿绿的。

# 什锦水果粥

## 准备好：

苹果1/2个
香蕉1/2根
猕猴桃1/2个
大米50克

## 这样做：

1 大米淘洗干净，浸泡1小时，苹果洗净去核切小丁，香蕉去皮切小丁，猕猴桃洗净去皮切小丁；① 》

2 大米加适量清水煮成粥，粥熟时加入苹果丁、香蕉丁、猕猴桃丁稍煮即可。② 》

香蕉里的钾

我有钾、碳水化合物等营养成分，而且含有一定的膳食纤维，软糯可口，能给宝宝补给均衡的营养。

# 疙瘩汤

## 准备好：

面粉200克
黄瓜1/2根
番茄1个
水发黑木耳4朵

## 调料：

核桃油1汤匙

## 这样做：

1 黄瓜、番茄分别洗净后切小丁，黑木耳洗净切细丝；① 》

2 碗内放入面粉，边加水边搅拌，搅成面疙瘩；② 》

2 油锅烧热，倒入番茄丁和黄瓜丁翻炒一会儿，倒入适量清水，加黑木耳丝烧沸，倒入面疙瘩，煮至面疙瘩浮起，搅匀即可。③ ④ 》

# 青菜海米烫饭

## 准备好：

青菜1棵
海米20克
米饭1碗

## 调料：

芝麻油少许
植物油少许

## 这样做：

1 海米提前用温水浸泡2小时备用，青菜洗净后，放入滴了少许植物油的沸水中，焯烫30秒捞出，放入凉水里过一下，再捞出沥干水分，切成青菜碎备用；①②》

2 锅里倒入清水，煮至沸腾后倒入米饭，大火煮开后转中小火，约煮20分钟，至米粒破开，饭变得稍黏稠；③》

3 放入青菜碎和海米同煮，淋少许芝麻油即可。④⑤⑥》

洗个澡，桌干净

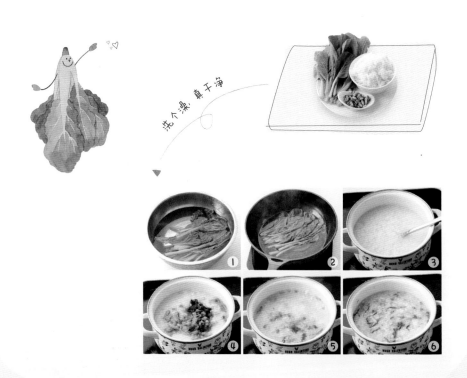

## 🧒 宝贝很爱吃

宝宝不爱吃青菜怎么办？给他做一碗青菜海米
烫饭吧！绿绿的青菜焯烫后一点都不涩口，加上
鲜鲜的海米，小家伙吃得可香了。

12个月以上

# 奶味水果饭

## 准备好：

大米50克
配方奶400毫升
苹果1/2个
小番茄3个
鲜枣3个
猕猴桃1个
蔓越莓果干适量

## 这样做：

1 将大米淘洗干净，用清水浸泡2小时，再倒入锅中加适量清水，大火煮沸后改中火继续煮5分钟；

2 将煮大米的水倒掉，沥干水分，重新将米倒入锅中，倒入配方奶，开小火煮10分钟左右（注意搅拌），当奶液被煮干时，搅拌均匀；① 》

3 将准备好的水果洗净、切成小丁，待饭冷却后，将水果丁和蔓越莓果干一起拌入米饭即可。② 》

猕猴桃里的维生素C

我的另一个名字是"奇异果"，果肉多汁，酸甜适中，膳食纤维和维生素C含量高，能够提高宝宝的抵抗力。

# 番茄鸡蛋面

## 准备好：

番茄1个
宝宝面条50克
生鸡蛋黄1个

## 调料：

核桃油1/2汤匙

## 这样做：

1 番茄洗净，用开水烫一下，去皮，切成块状；①》

2 炒锅倒少许油烧热，放入打散的蛋黄，炒至蛋黄呈块状后盛出，倒入番茄块，炒至番茄成糊状；②③》

3 另起一锅，加入适量清水煮开，再放入面条煮熟，最后加入炒过的蛋黄和番茄，煮熟即可。④》

# 胡萝卜牛肉软米饭

## 准备好：

大米50克
小米20克
牛肉30克
胡萝卜1/3根
山药1小段
洋葱1/5个

## 调料：

土豆淀粉适量
橄榄油1汤匙
植物油1汤匙

## 这样做：

1 牛肉切成小粒，加土豆淀粉、橄榄油拌匀，洋葱、胡萝卜分别洗净、切小丁备用，山药洗净去皮、切小丁备用；① 》

2 大米和小米淘洗干净，放入电饭煲内，加入适量清水、少许盐拌匀；② 》

3 锅里倒少许植物油，放入洋葱丁炒香，再放入牛肉粒炒变色，最后放入胡萝卜丁、山药丁，翻炒均匀；③ ④ 》

4 将炒好的食材铺在米饭上，电饭煲按下"煮饭"键即可。⑤ ⑥ 》

切切切，都变小粒粒

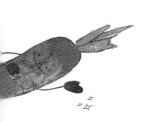

### 🧒 宝贝很爱吃

宝贝最近特别喜欢吃米饭，就是不怎么爱吃蔬菜，这碗牛肉胡萝卜饭可就派上用场了。里面有他喜欢的牛肉，混进几粒胡萝卜丁和山药丁，也一样吃得很开心嘛。

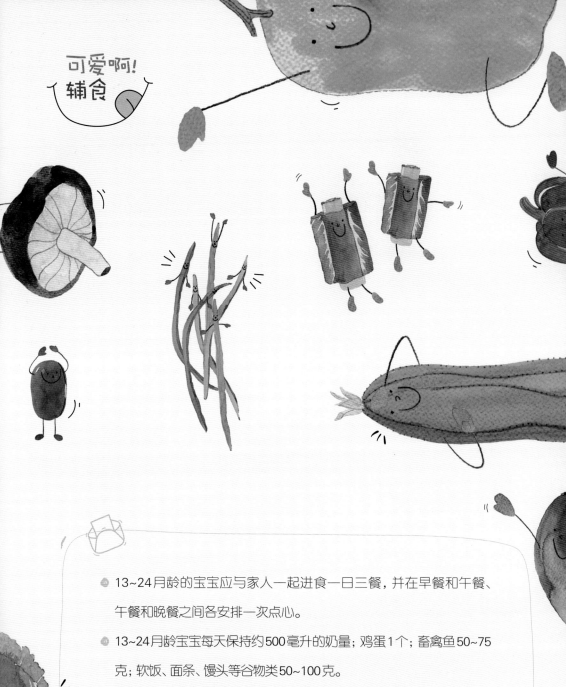

可爱啊！
辅食

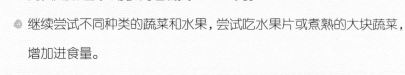

- 13~24月龄的宝宝应与家人一起进食一日三餐，并在早餐和午餐、午餐和晚餐之间各安排一次点心。
- 13~24月龄宝宝每天保持约500毫升的奶量；鸡蛋1个；畜禽鱼50~75克；软饭、面条、馒头等谷物类50~100克。
- 继续尝试不同种类的蔬菜和水果，尝试吃水果片或煮熟的大块蔬菜，增加进食量。
- 第1次给宝宝添加蛋白，要注意观察宝宝有没有过敏反应。
- 适合13~24月龄宝宝的家庭食物应该是少盐、少糖、少刺激的淡口味食物，并且最好是家庭自制的食物。

# 1岁后
# 碗里更有童话味道

**一天膳食安排**

🕐 **早上7点**: 母乳/配方奶,加婴儿米粉或其他辅食,尝试家庭早餐

🕐 **早上10点**: 母乳/配方奶,加水果或其他点心

🕐 **中午12点**: 各种辅食,鼓励宝宝尝试成人的饭菜,鼓励宝宝自己进食

🕐 **下午3点**: 母乳/配方奶,加水果或其他点心

🕐 **下午6点**: 各种辅食,鼓励宝宝尝试成人的饭菜,鼓励宝宝自己进食

🕐 **晚上9点**: 母乳/配方奶

# 南瓜尼莫鱼

## 准备好：

南瓜150克
海苔1片
奶酪1片
黄瓜皮适量

## 这样做：

1 将南瓜洗净，去皮切成块，放入锅中蒸至熟软，取出捣成泥；① ② 》

2 用勺子在盘子中将南瓜按压成尼莫小鱼的形状；③ 》

3 用奶酪剪出鱼身上的花纹，再用裱花嘴（可用其他圆形中空物代替）压出圆形奶酪片用作水泡和鱼眼睛；④ 》

4 用海苔剪出鱼眼珠，再将黄瓜皮剪成水草状作装饰即可。

一片一片, 好多片

**宝贝很爱吃**

色彩鲜艳, 造型可爱, 这就是从《海底总动员》里
游出来的小鱼尼莫呀, 你瞧, 它正和你打招呼呢。

# 香橙蒸蛋

## 准备好：

橙子1个
鸡蛋1个

## 这样做：

1 橙子洗净后切成两半，挖出果肉做成橙皮小碗，
   再将橙子果肉榨出橙汁备用；

2 将鸡蛋打散成蛋液，加入70毫升橙汁搅匀，再用
   网筛过滤一下，将蛋液装入橙皮小碗中；① 》

3 放入蒸锅里，中火蒸10分钟左右，至蛋液凝固，
   再放上少许橙子果肉即可。② 》

橙子里的维生素C

我的维生素C含量较高，是人体很好的维生素C供给源，

艳丽的黄色，清甜的口味，很受宝宝喜爱。

 小叮咛
冬瓜水分很足，味道清淡，
很适合夏季给宝宝食用。

1岁以上

# 橙汁冬瓜

## 准备好：

冬瓜100克
鲜榨橙汁150毫升
饼干模具

## 这样做：

1 冬瓜洗净去外皮，切成约7毫米的厚片，用饼干模具压刻出卡通形状，放入沸水里煮3分钟，捞出沥干水分；① ② ③ 》

2 煮好的冬瓜片放入橙汁中浸泡2小时以上即可。④ 》

# 小兔胡萝卜南瓜

**准备好:**

胡萝卜 1/2 根
南瓜 20 克
鹌鹑蛋 4 个
青菜叶 1 片
娃娃菜 3 片
模具

**这样做:**

1 将胡萝卜和南瓜分别洗净、切片后蒸熟,用勺子碾碎,再用勺子摆放成胡萝卜形状,插2小片洗净的娃娃菜叶当作胡萝卜叶;① ② ③ 》

2 用模具将胡萝卜片切成小兔子耳朵形状,在鹌鹑蛋前端轻轻划一刀,插上耳朵,再用胡萝卜碎末点缀上眼睛,小兔子就做好了;④ ⑤ 》

3 用青菜叶剪出草地、娃娃菜叶当作树,摆放起来即可。⑥ 》

圆的、方的、薄薄的

## 宝贝很爱吃

小小的鹌鹑蛋，营养价值却在鸡蛋之上，做成可
爱的小兔模样，宝贝是否有点舍不得吃呢？妈妈记
得在给宝宝吃鹌鹑蛋前，要先切碎哦！

# 焗番茄奶酪饭

## 准备好：

米饭1碗
番茄2个
奶酪20克
鸡胸肉50克
鸡蛋1个
薄荷叶少许

## 调料：

盐少许
水淀粉适量
白胡椒粉少许
橄榄油1/2汤匙

## 这样做：

1 鸡胸肉切成小丁，加水淀粉、白胡椒粉、少许盐腌10分钟；

2 将番茄洗净，切去顶端，用勺子挖空内瓤，做成番茄小碗，再将挖出来的番茄肉切成小丁备用；① 》

3 油锅烧热，放入鸡肉丁炒至变色后盛出；② 》

4 锅里留底油，倒入打散的鸡蛋液炒碎，再放入番茄丁炒软，加入米饭、鸡肉丁一起翻炒2分钟，加盐调味；③ 》

5 将炒好的米饭转入番茄小碗中，撒上奶酪碎，烤箱190℃预热，放入番茄盅烤10分钟，至奶酪熔化即可。（取出后可在表面用新鲜的薄荷叶作装饰）④ ⑤ ⑥ 》

肚子空空，容量大大

## 宝贝很爱吃

光是看到红彤彤的番茄里装满香喷喷的米饭，就新奇得不得了，用自己的小勺挖一勺，淡淡的奶香，长长的拉丝，小嘴咂巴咂巴，简直停不下来。

# 瓢虫三明治

## 准备好：

吐司2片
鸡蛋皮1张
黑芝麻少许
番茄酱少许
圆形模具

## 这样做：

1 用圆形模具在吐司片上切出4大4小共8片圆形面包片，将2片大的面包片和2片小的面包片切出瓢虫头和翅膀；① ② 》

2 用圆形模具切出2片大的圆形蛋皮和2张小的圆形蛋皮，将蛋皮放在未切的圆形面包片上，盖上瓢虫的头部、翅膀；③ 》

3 用黑芝麻作瓢虫的眼睛，再用番茄酱挤在瓢虫翅膀部位作斑点即可。④ 》

做手工，爱吃饭

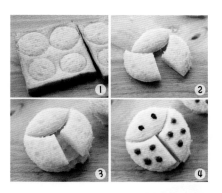

宝贝很爱吃

宝贝，你常问"瓢虫是什么样"，妈妈给你做出来了。快用小手抓住它，不然它就挥动翅膀飞走啦!

# 小羊面条

1岁以上

**准备好：**

白吐司1片
宝宝面条50克
胡萝卜1片
海苔1片
西蓝花3小朵

**这样做：**

1 烧开一锅水，焯熟胡萝卜和西蓝花；

2 将白吐司剪出小羊的头、耳朵、腿和尾巴；

3 面条煮熟后卷起来，铺成小羊的身体；

4 用海苔装饰小羊的眼睛，焯熟的胡萝卜和西蓝花装饰小羊的帽子和草地即可。

宝宝专用面条里的营养元素

别小看我，我可是强化了维生素和矿物质，如蛋白质、钙、维生素D、锌等，为宝宝的成长发育提供均衡营养。

# 娃娃蒸蛋羹

## 准备好：

鸡蛋1个
胡萝卜2片
黄瓜1小段
海苔1片

## 调料：

盐少许

## 这样做：

1 鸡蛋打散，加盐和75毫升清水搅拌均匀，再用网筛过滤一遍，放入蒸锅中，碗上反扣一个盘子盖住，水开后，转中小火蒸8~10分钟后取出；①》

2 在蒸蛋的时候，将胡萝卜片焯烫当作眼睛，海苔剪成娃娃头发和眼珠，洗净的黄瓜剪成娃娃嘴，将做好的头发、眼睛、眼珠和嘴装饰在蒸好的蛋羹上即可。②③④》

# 小青蛙菠菜蛋饼

## 准备好：

面粉70克
鸡蛋1个
菠菜1棵
鹌鹑蛋2个
海苔1片
胡萝卜1小段
青菜叶1片

## 调料：

盐少许
橄榄油1汤匙

## 这样做：

1 将菠菜洗净，加清水用搅拌机搅打成菠菜汁，取1小碗菠菜原汁加入到面粉中，再磕入1个鸡蛋，加盐拌匀成面糊；① ② 》

2 平底锅加油烧热，放入菠菜面糊煎成小圆饼，煎好的菠菜饼摆放在盘中，将煮熟的鹌鹑蛋对半切开，用作小青蛙的眼睛；③ ④ 》

3 用海苔剪出青蛙的鼻孔和嘴巴，胡萝卜洗净切片后，入开水中焯一下，摆放成青蛙的笑脸；⑤ 》

4 将洗净的青菜叶剪成小荷叶，胡萝卜剪成水滴状，摆放成荷花，海苔剪成小蝌蚪状，摆放好即可。

"干货"变"水货"

## 宝贝很爱吃

还记得妈妈和你说过的"小蝌蚪找妈妈"的故事吗?
盘子里面就是幸福的一家,有青蛙爸爸、青蛙妈妈,
还有可爱的小蝌蚪宝宝们呢!

# 麻汁豆角

## 准备好：

豇豆200克
凉开水适量

## 调料：

盐少许
白糖适量
芝麻酱2汤匙
生抽1/2汤匙
芝麻油1/2茶匙
植物油1/2汤匙

## 这样做：

1 豇豆洗净后切长段，放入加了少许植物油和盐的沸水中烫熟，捞出后放入凉开水中浸泡一会儿，再捞出沥干；① ② ③ 》

2 芝麻酱中先加一点凉开水，用筷子顺一个方向搅拌，使芝麻酱变稀；④ 》

3 继续分次加入剩余的凉开水，一直搅拌到芝麻酱颜色变浅，稀稠适中，搅拌起来很顺滑；⑤ 》

4 加入生抽、芝麻油、盐、白糖搅拌均匀，淋在豇豆上拌匀即可。⑥ 》

呀，我要变软妹子了

**宝贝很爱吃**

像不像哈利·波特的魔法棒呢? 快把小手
洗干净, 挥动起来吧!

# 五彩鸡米

## 准备好：

鸡胸肉100克
土豆1个
胡萝卜1/2根
杏鲍菇1个
红黄甜椒各1个

## 调料：

葱姜末适量
水淀粉适量
盐少许
植物油2汤匙

## 这样做：

1 鸡胸肉切成小丁，加水淀粉、少许植物油，拌匀后腌10分钟，再将土豆、胡萝卜、杏鲍菇、红甜椒分别洗净，切成小丁备用；① 》

2 锅里倒入水烧开，放入土豆和胡萝卜丁，焯烫至断生后捞出备用，再将杏鲍菇和红甜椒丁焯烫一下，捞出沥干；②③ 》

3 锅里倒油烧热，爆香葱姜末，放入鸡丁炒至鸡肉变白散开时，放入蔬菜丁翻炒，加少许清水稍微煮一下，加盐调味；④⑤ 》

4 黄甜椒洗净，切去顶端，挖去空瓤，做成小盅，将炒好的蔬菜鸡丁装入小盅内即可。⑥ 》

红橙黄，宝贝都是色彩控

## 宝贝很爱吃

宝贝对色彩鲜艳的东西向来没有抵抗力，何况这次我还用上了"神奇"的新碗，让宝贝亲手打开盖子，发现其中的惊喜吧！

# 小狮子玉米

## 准备好：

玉米1根
奶酪1片
鸡蛋1个
海苔1片
黑芝麻少许
煮熟的蔬菜少许

## 调料：

盐少许
橄榄油1汤匙

## 这样做：

1 将玉米棒切成2厘米厚的段，放入锅中煮熟；① 》

2 鸡蛋取蛋黄，加盐打散，油锅烧热，下蛋黄液煎成蛋饼，将蛋饼切成比玉米棒直径略小的圆形，作小狮子的脸；② ③ 》

3 将奶酪切出2个大圆和1个小圆，用作小狮子的嘴巴和鼻子，再将海苔剪出2个小圆点用作眼睛；④ 》

4 将黑芝麻点缀在奶酪片上，用作胡须即可。（摆上桌前可在盘中铺上一层煮熟的蔬菜，更美观，也能增加营养）⑤ 》

看我的"分身术"

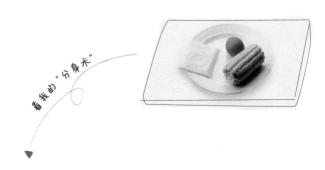

## 宝贝很爱吃

被称为"森林之王"的狮子原来可以这么萌，圆圆的脸蛋似乎也很上镜呢！宝贝，想不想听妈妈和你说小狮子辛巴的故事？那你要乖乖吃饭！

# 香蕉船

**准备好：**

香蕉1根
猕猴桃1个
小番茄3个
草莓3个
酸奶30毫升

**这样做：**

1 将草莓和小番茄用淡盐水浸泡10分钟，再用清水冲洗干净备用；

2 分别将草莓、小番茄、猕猴桃（去皮）切成小块，香蕉剥皮后对半切开摆入盘中，在两半香蕉中放入切好的水果；① ② 》

3 淋上酸奶即可。

猕猴桃里的维生素C

我的维生素C含量在水果中居于前列，还含有较丰富的膳食纤维、钙、磷、钾、铁等矿物质，是宝宝宜常吃的水果。

# 芸豆香芋甜汤

## 准备好：

红芸豆100克
芋头1/2个

## 调料：

冰糖3块

## 这样做：

1 提前一夜浸泡红芸豆；① 》

2 将泡好的红芸豆放入锅中，加入足量清水，大火煮开后转小火煮1小时，炖至红芸豆软烂；② 》

3 加入削皮切块的芋头，继续炖20分钟至芋头软烂，加冰糖调味即可。③ 》

# 西蓝花树

## 准备好：

西蓝花1棵
胡萝卜1/2根
黄瓜1/4段
鸡蛋清2个
玉米1/2根

## 调料：

盐少许
沙拉酱少许
橄榄油1汤匙

## 这样做：

1 蛋清内加少许盐，打散备用，黄瓜、胡萝卜切成丁，烫熟备用，玉米煮熟后取粒备用；① 》

2 西蓝花掰成小朵，用淡盐水浸泡10分钟后洗净；② 》

3 沸水锅里滴少许橄榄油和盐，放入西蓝花焯烫至熟；

4 将一部分西蓝花放在盘中围成圆形，再将剩余的西蓝花堆起来；③ 》

5 锅里倒入剩下的橄榄油烧热，倒入打散的蛋清炒熟，再加入胡萝卜和黄瓜丁翻炒均匀；④ 》

6 将炒好的蛋清摆在西蓝花周围，再将焯好的玉米粒撒在西蓝花上，将胡萝卜剪出五角星装饰在西蓝花顶部，淋上沙拉酱即可。⑤ ⑥ 》

来自菜园的小清新

**宝贝很爱吃**

把西蓝花煮熟之后，借助丰富多样的食材，美美地
凹一个造型，好看又有趣，看着盘里的这棵西蓝
花树，宝贝又惊又喜，嚷嚷着要自己吃呢。

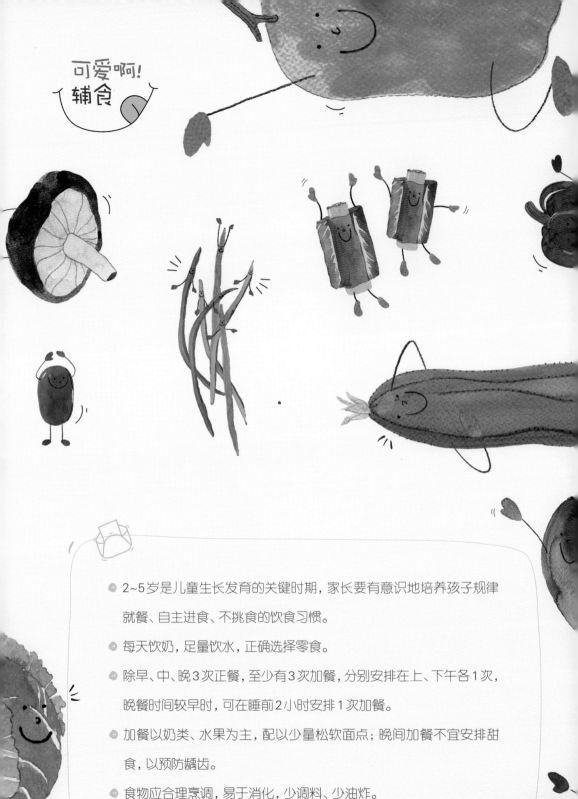

可爱啊！
辅食

- 2~5岁是儿童生长发育的关键时期，家长要有意识地培养孩子规律就餐、自主进食、不挑食的饮食习惯。
- 每天饮奶，足量饮水，正确选择零食。
- 除早、中、晚3次正餐，至少有3次加餐，分别安排在上、下午各1次，晚餐时间较早时，可在睡前2小时安排1次加餐。
- 加餐以奶类、水果为主，配以少量松软面点；晚间加餐不宜安排甜食，以预防龋齿。
- 食物应合理烹调，易于消化，少调料、少油炸。
- 可以让宝宝参与食物的选择与制作，增进对食物的认识与喜爱。

# 2岁啦

## 给食物加点想象力

2~5岁儿童各类食物每天建议摄入量（单位：日/克）

| 食物 | 2~3岁 | 4~5岁 |
|---|---|---|
| 谷类 | 85~100 | 100~150 |
| 薯类 | 适量 | 适量 |
| 蔬菜 | 200~250 | 250~300 |
| 水果 | 100~150 | 150 |
| 畜禽鱼类 | | |
| 蛋类 | 50~70 | 70~105 |
| 水产品 | | |
| 大豆 | 5~15 | 15 |
| 坚果 | – | 适量 |
| 乳制品 | 500 | 350~500 |
| 食用油 | 15~20 | 20~25 |
| 食盐 | <2 | <3 |

# 凤梨虾球

## 准备好：

凤梨果肉150克
基围虾8只

### 调料：

盐少许
葱花少许
橄榄油1汤匙

## 这样做：

1 凤梨果肉切成小块，基围虾洗净、去虾线，剥壳取出虾仁，在虾仁背上划一刀；① 》

2 炒锅里倒油，爆香葱花，放入虾仁滑炒至变色，加盐调味，再加入切好的凤梨果肉，翻炒约1分钟即可。② ③ 》

咦，我们的"盔甲"去哪儿了

## 🧒 宝贝很爱吃

圆乎乎的虾球真调皮，藏身在金黄的凤梨果肉里，宝贝，你能把它们找到吗？

# 香菇酿肉

## 准备好：

猪肉末 30 克
虾仁 15 克
香菇 3 朵
胡萝卜末少许

### 调料：

水淀粉适量

## 这样做：

1 将虾仁剁成泥，和猪肉末混合后再次剁碎，加水搅拌均匀；① 》

2 香菇洗净，去掉根蒂，将肉馅填入香菇背面凹陷处，码放在盘中；② ③ 》

3 放入蒸锅蒸约 10 分钟，倒出盘中的汤汁，加胡萝卜末煮熟，淋水淀粉勾薄芡后倒在香菇上即可。④ ⑤ 》

胖敦儿，肉嘟嘟

## 宝贝很爱吃

矮胖的香菇蹲在盘中，"口袋"里装满了肉馅，扮成了鲍鱼的模样，没有纯肉的油腻，减轻香菇的厚重味，变着花样儿，宝宝吃得更香。

# 丝瓜烩虾球

## 准备好：

基围虾10只
丝瓜1根

## 调料：

盐少许
橄榄油1汤匙

## 这样做：

1 基围虾洗净、去虾线，剥壳取出虾仁，在虾仁背上用刀划一个刀口，丝瓜洗净、去皮，切块状；

2 油锅烧热，放入虾仁翻炒至变色并成球状，盛出；① 》

3 锅里留底油，放入丝瓜块，淋少许清水，翻炒至丝瓜变软出汤汁，加入炒好的虾球一起翻炒2分钟，加盐调味即可。② 》

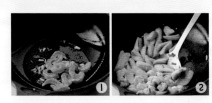

丝瓜里的膳食纤维

我的肉质嫩，水分多，含有膳食纤维、皂苷、瓜氨酸、木聚糖等

成分，具有清热化痰的作用，对治疗宝宝咳嗽有一定效果。

# 豌豆彩椒虾仁

## 准备好：

北极虾10只
豌豆150克
红彩椒1/2个
黄彩椒1/2个

## 调料：

盐少许
植物油1/2汤匙

## 这样做：

1 将北极虾剥壳、去虾线，取出虾仁备用；

2 豌豆剥粒，红黄彩椒洗净切成小丁；

3 锅里倒油烧热，放入豌豆、红黄彩椒，翻炒至豌豆断生；

3 放入北极虾仁，炒至变色，加盐调味即可。

# 胡萝卜鸡肉丸子

## 准备好：

鸡胸肉200克
胡萝卜1/4根
鸡蛋1个
芦笋3根
粗粒面包粉适量

## 调料：

盐少许
番茄酱适量

## 这样做：

1 鸡胸肉切末，鸡蛋取半个蛋清，剩余打成蛋液；

2 鸡肉末中加入粗粒面包粉、调入盐，再加入蛋清搅拌至肉馅上劲；① ② 》

3 胡萝卜洗净、切碎，放入肉馅中搅拌均匀，做成小丸子，将丸子滚上剩余的鸡蛋液，裹上粗粒面包粉，制成胡萝卜鸡肉丸子；③ ④ ⑤ 》

4 油锅烧至五成热后，下胡萝卜鸡肉丸子，小火煎炸至表面金黄、内部熟透；⑥ 》

5 芦笋洗净、切段，用沸水焯熟，和胡萝卜鸡肉丸子一起装盘，淋上番茄酱即可。

紧紧抱住 揉成团

## 宝贝很爱吃

新鲜的芦笋和炸得金黄的丸子,不需要过多
点缀,随意地淋点番茄酱,宝贝就已经食指大
动。当然还要归功于我家的卡通餐盘,勾起
宝宝食欲的秘诀之一,可是这些小餐具!

2岁以上

2岁以上

# 柠檬鸡片

## 准备好：

鸡胸肉 70 克
鸡蛋黄 1 个
芦笋 3 根

## 调料：

盐少许
白糖适量
水淀粉适量
柠檬汁 1 汤匙
醋 1/2 汤匙
橄榄油 1 汤匙

## 这样做：

1 将鸡胸肉切片，放入大碗里，加入鸡蛋黄、盐、水淀粉，抓匀备用；

2 另取一个碗，将柠檬汁、醋、白糖、水淀粉拌匀，调成芡汁；

3 油锅烧至五成热，倒入鸡肉片煸炒至肉片发白，淋入调好的芡汁，翻拌均匀，烧至芡汁黏稠；

4 芦笋洗净、切段，用沸水焯熟，和鸡肉片一起装盘即可。

# 菠菜塔

## 准备好：

菠菜 200 克
熟花生米 30 克
凉开水适量

## 调料：

盐少许
醋 1/2 汤匙
儿童有机酱油 1/2 汤匙
芝麻油 1/2 汤匙
植物油少许

## 这样做：

1 沸水里加少许盐和植物油，放入洗净的菠菜焯烫熟；

2 将焯烫好的菠菜捞出，过一下凉开水，沥干水分后切碎，加入碾碎的花生碎，加入醋、盐、儿童有机酱油、芝麻油拌匀，装入杯中压紧实；① 》

3 倒扣在盘中即可。② 》

2 岁啦　给食物加点想象力　135

# 牛油果鸡蛋沙拉

## 准备好：

牛油果1/2个
水煮蛋1个
小番茄5个
西蓝花3朵

## 调料：

盐少许
黑胡椒粉少许
橄榄油1汤匙
柠檬汁1汤匙
沙拉酱适量

## 这样做：

1 牛油果和鸡蛋分别切成小块，小番茄对半切开；
① 》

2 烧开一锅水，将洗净的西蓝花放入锅中，焯烫
至熟；

3 将所有食材混合放入大碗中；② 》

4 加入柠檬汁、黑胡椒粉、盐、橄榄油拌匀，最后挤
适量沙拉酱即可。③ 》

一个又一个，分成好多块

## 🧒 宝贝很爱吃

当牛油果遇到鸡蛋可以变成好吃的沙拉，红红绿绿的，
吸睛度5颗星。色彩丰富，营养美味，谁会不喜欢呢？
用爱做早餐，愿宝宝每个早晨都活力满满。

# 杏鲍菇炒牛肉粒

## 准备好：

牛里脊肉150克
杏鲍菇2个
红彩椒1个
青椒1个

## 调料：

盐少许
水淀粉适量
葱姜末少许
生抽1茶匙
料酒1茶匙
植物油1/2汤匙

## 这样做：

1 杏鲍菇和青椒洗净、切成小丁，牛里脊肉切成小丁后加入生抽、料酒、水淀粉拌匀，腌制15分钟；① 》

2 炒锅里倒油烧热，爆香葱姜末，放入腌好的牛肉粒，煸炒至牛肉粒变色；② 》

3 放入杏鲍菇丁翻炒，再加入青椒丁一起翻炒，至杏鲍菇丁和青椒丁熟软后，加盐调味；③ 》

3 将红彩椒切去顶端，挖空内核，洗净后装入炒好的杏鲍菇牛肉粒即可。④ 》

大块头变小块头 ▶

## 宝贝很爱吃

用红彩椒或黄彩椒做成的小碗,宝宝端在手里一口一口吃,看着这"小吃货",心里真喜欢。

# 香菇肉圆

## 准备好：

香菇3朵
猪肉馅70克
鸡蛋清1/2个
胡萝卜片适量

## 调料：

盐少许
姜1片
葱花少许
葱姜水1/2茶匙
芝麻油1/3茶匙

## 这样做：

1 猪肉馅里加入鸡蛋清、葱花、葱姜水、少许盐、切碎的香菇末；

2 用筷子顺一个方向搅拌至肉馅上劲、变黏稠；

3 双手蘸清水，将肉馅做成丸子；

4 锅内加适量清水和姜片，煮开后，放入肉丸；

5 放入胡萝卜片一起煮熟，加盐、葱花、芝麻油调味即可。

猪肉里的蛋白质

我含有的蛋白质能满足宝宝生长发育的需要，还含有铁元素，有助于改善宝宝缺铁性贫血。

# 黄豆莲藕炖排骨

## 准备好：

黄豆50克
莲藕1/4段
排骨100克

## 调料：

姜1片
葱1根
盐少许

## 这样做：

1 排骨洗净，放入锅中，煮出血沫后捞出备用；① 》

2 另取一个干净的砂锅，放入排骨、黄豆，加入足量清水；② 》

3 葱洗净后打成葱结，和姜片一起放入锅中，大火煮开后转小火炖1小时，加入切块的莲藕，继续炖半小时，最后加盐调味即可。③④ 》

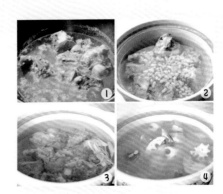

# 黄瓜酿肉丸

## 准备好：

黄瓜1根
猪肉末50克
鸡蛋清1/2个

## 调料：

盐少许

## 这样做：

1 黄瓜洗净后削去皮，切成约4厘米的段，用小勺子挖去内瓤做成黄瓜盅；① 》

2 猪肉末加鸡蛋清、盐，用筷子顺一个方向搅拌上劲，将肉馅搓成小圆球，填入黄瓜盅内，放入锅中，蒸10分钟左右至熟即可。② ③ 》

把你藏在我心里

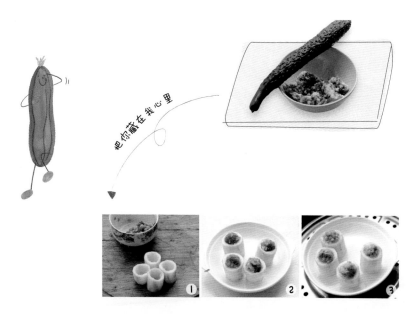

## 宝贝很爱吃

对付不爱吃蔬菜的宝贝，这可是一个好办法，荤素一齐下肚，营养够丰富。而且，单单吃肉丸很容易腻，塞入黄瓜中，清爽的口感正好解了油腻。

# 番茄虾球

## 准备好：

基围虾10只
番茄2个
熟玉米粒30克

## 调料：

盐少许
葱花少许
橄榄油1汤匙

## 这样做：

1 番茄洗净，去皮和蒂后切成块，再将虾挑去虾线，剥壳取出虾仁后洗净，在虾背上划一刀；① 》

2 炒锅里倒橄榄油，放入虾仁翻炒至虾仁变色并且成球状，盛出备用；② 》

3 锅里留底油，放入番茄块炒至出红汤，之后放入熟玉米粒炒匀，再放入虾球翻炒2分钟，最后加盐和葱花即可。③ ④ ⑤ 》

准备好一起跳舞吗

## 宝贝很爱吃

番茄的酸酸甜甜向来是宝宝喜欢的味道，更何况还加
入了金黄鲜嫩的玉米和弹滑的虾仁，宝宝吃完忍不住舔
舔小嘴。总的来说，番茄就是一种超百搭的食材。

2岁以上

# 洋葱肉末炒蛋

## 准备好：

洋葱50克
鸡蛋2个
猪肉末30克

## 调料：

盐少许
橄榄油1汤匙

## 这样做：

1 将洋葱洗净、切成洋葱碎，鸡蛋加少许盐，搅散成蛋液备用；

2 锅里倒油烧热，放入猪肉末炒至颜色变白，加入洋葱碎炒香；

3 倒入鸡蛋液，翻炒至蛋液凝固即可。

洋葱里的维生素C

我富含维生素C，能够帮助激活宝宝的免疫系统，抵御细菌的感染，还能够促进宝宝对食物中铁元素的吸收。

# 三文鱼蒸滑蛋

**准备好：**

鸡蛋1个
三文鱼20克
温水75毫升

**调料：**

葱姜丝少许

**这样做：**

1 三文鱼切成小粒，加葱姜丝腌10分钟；① 》

2 鸡蛋加温水，搅打成蛋液，留少许蛋液备用，其余倒入蒸碗中；② 》

3 蒸锅水开后，放入蒸碗，蒸5分钟后撒上三文鱼粒，倒上剩余的少许蛋液，继续蒸2分钟即可。③ ④ 》

# 茄汁虾丸

## 准备好：

鲜虾20只
番茄1个

## 调料：

干淀粉适量
水淀粉适量
橄榄油适量

## 这样做：

1 将鲜虾洗净后，用牙签挑出虾线，剥壳取出虾仁，将虾仁剁成细细的虾泥；

2 将干淀粉加入虾泥中，充分搅打均匀，直到虾泥变得黏黏的，有点透明起胶的感觉；

3 手上蘸少许清水，取一勺虾馅，用两手来回摔打成丸子状，放入八成热的开水中煮成虾丸；

4 番茄切成1厘米的番茄丁，锅中倒适量橄榄油，放入番茄丁，小火熬成番茄汁，加入水淀粉勾芡；① 》》

5 将煮熟的虾丸放入番茄汁里，晃动锅，让虾丸均匀地裹上番茄汁即可。② ③ 》》

召唤番茄的"爆炸"力

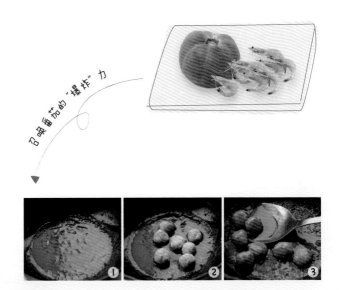

① ② ③

**宝贝很爱吃**

将鲜虾手打成萌萌的虾丸，配上酸酸甜甜的番茄汁，再也不用担心宝宝没有食欲，虾丸被捣得烂烂的，却嚼劲十足，宝宝一吃就停不了嘴。

# 蒸鲈鱼

2岁以上

## 准备好：

鲈鱼1条

### 调料

盐少许
葱姜丝少许
葱花少许
儿童有机酱油1汤匙

## 这样做：

1 鲈鱼处理干净，避开有刺的部位，片下鲈鱼背上的肉；① 》

2 抹盐，撒上葱姜丝腌15分钟；

3 蒸锅里的水烧开后，大火蒸25分钟，关火闷2分钟后取出，挑去葱姜丝不要，撒少许葱花，淋上儿童有机酱油即可。② 》

# 蒸鸡蛋肉卷

## 准备好：

鸡肉末100克
鸡蛋2个
胡萝卜1/2根

## 调料：

盐少许
葱花少许
葱姜水1汤匙
干淀粉适量
橄榄油1汤匙
芝麻油1汤匙

## 这样做：

1 胡萝卜洗净，切成碎末，加入鸡肉末中，加入葱姜水、盐、芝麻油，搅拌均匀；① 》

2 鸡蛋磕入碗中，放干淀粉打散成蛋液；

3 平底锅倒油烧热，倒入适量蛋液，摊成薄蛋皮，蛋皮上铺上肉馅；② ③ 》

4 从一端卷起，放入锅中蒸约20分钟，取出切段，撒葱花即可。

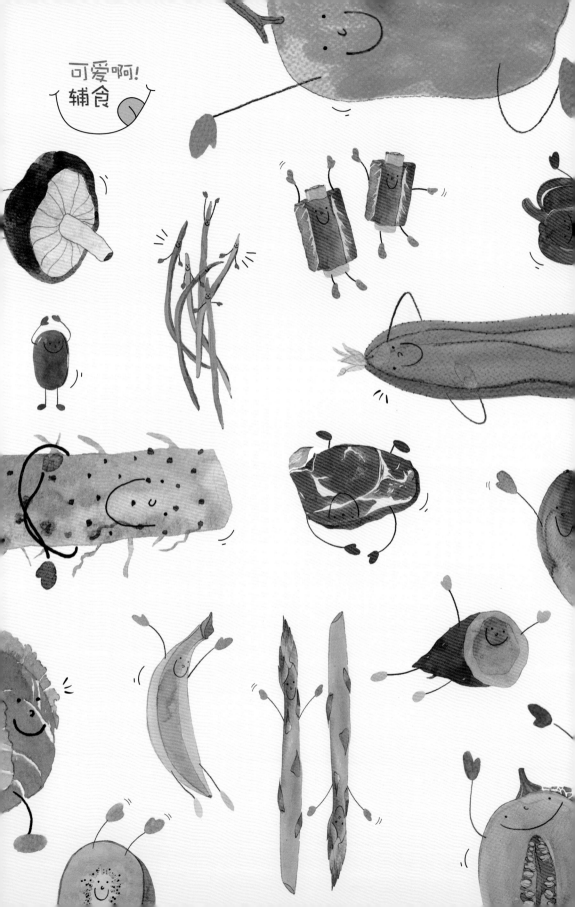

可爱啊！
辅食

欢迎你，
百变主食君

# 阿波饭团

## 准备好：

米饭1碗
胡萝卜原汁1杯
熟鸡蛋1个
青菜1棵
海苔1片
小番茄6个
西蓝花2朵

## 这样做：

1 将米饭放入蒸锅内加热，盛出温热的米饭，加入胡萝卜原汁拌成胡萝卜米饭；① 》

2 取适量米饭放入保鲜膜上，扎紧保鲜膜，捏成阿波的身体；② 》

3 将青菜帮用热水焯烫一下，剪成爱心形状插入阿波饭团的头部，再将煮熟的鸡蛋白切成薄片用作阿波的眼睛，海苔剪成眼珠覆盖在阿波的脸上，小番茄剪成嘴巴；③ 》

4 胡萝卜洗净，去皮，切片后剪成六角星的形状，与西蓝花一起放入沸水中焯熟；

5 小番茄对半切开，鸡蛋切片，与西蓝花和胡萝卜一起，铺在饭团周围即可。

涂涂色，真好看

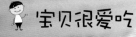 **宝贝很爱吃**

自带萌点的阿波饭团，只需用简单的食材便可做出，但孩子对它可是毫无抵抗力，一个人就能吃光。可见，让宝宝对吃饭产生兴趣真的很重要。

欢迎你，百变主食君 **155**

# 小猪金枪鱼饭团

## 准备好：

米饭1碗
金枪鱼适量
火腿肠1根
火腿片1片
海苔1片
奶酪1片
胡萝卜2片

## 这样做：

1 将米饭铺在保鲜膜上，再放上金枪鱼，捏成饭团形状；①②》

2 火腿肠切片，再用牙签戳2个小洞用作小猪鼻子，火腿片剪成三角形，固定在饭团上用作小猪耳朵；③》

3 将海苔剪成小猪眼睛和嘴巴，用筷子蘸少许清水固定在小猪脸上，奶酪剪成云朵；④⑤》

4 胡萝卜入沸水焯一下，取出后剪成太阳形状，装饰在盘中即可。

捉迷藏 找呀找

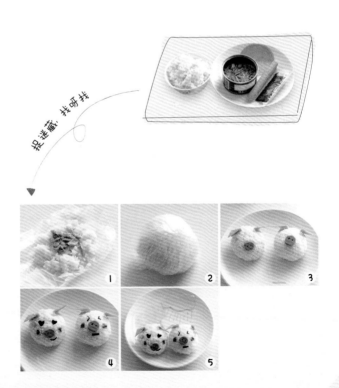

### 宝贝很爱吃

这种动物造型的饭团最适合和宝宝一起完成了。妈妈在剪食材的时候，可以把捏饭团的任务交给宝宝。看着自己动手完成的"作品"，他一定会更有兴趣吃饭的。

# 海绵宝宝蛋包饭

## 准备好：

米饭1碗
鸡蛋1个
黄彩椒1/4个
黄瓜1小块
奶酪1片
海苔1片
虾100克
柠檬1个

## 调料：

盐少许
葱末少许
水淀粉适量
植物油1汤匙
蓝色食用色素少许
（画海绵宝宝眼睛用）

## 这样做：

1 鸡蛋加少许盐和水淀粉打散成蛋液备用，虾挑去虾线后剥出虾仁，黄瓜和黄彩椒分别洗净、切成小丁；①》

2 炒锅里倒油烧热，放入葱末爆香，再放入虾仁煸炒至变色；

3 加入黄瓜丁和黄彩椒丁翻炒至断生，之后加入米饭翻炒均匀，最后加少许盐调味，盛出备用；②》

4 平底锅倒油烧热，倒入蛋液，小火摊成鸡蛋皮；③》

5 放上炒好的虾仁炒饭，将蛋皮四周向内对折，包成长方形；④⑤》

6 用海苔剪出海绵宝宝的眉毛、睫毛和嘴巴，用奶酪片剪出眼睛和牙齿，摆在蛋皮上；

7 将用作眼珠的奶酪片染上蓝色色素，再用海苔剪个小圆代替瞳孔；

8 用鸡蛋皮剪出一个半椭圆形，用作海绵宝宝的鼻子，再用鸡蛋皮剪出双手，海绵宝宝就做好了；⑥⑦》

9 黄瓜洗净切片，剪出弧形，摆成火车的造型，再用黄瓜皮剪出波浪形，当作火车的烟囱，柠檬洗净，切片后去皮，摆放在小火车轮胎部位即可。⑧》

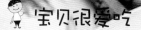 **宝贝很爱吃**

充满童趣的海绵宝宝在动画片里卖萌耍宝,是我家宝贝喜欢的卡通形象之一,连我这个大人也很"上瘾"。趁周末有空,特意为他做了这份海绵宝宝包饭,一端上桌,小家伙就不停拍手,开心得不得了。

1岁以上

 1

 2

 3

 4

5

6

7

8

# 蛋包饭

## 准备好：

米饭1碗
玉米粒20克
鸡蛋2个
虾6只
豌豆50克

## 调料：

盐少许
水淀粉适量
番茄酱适量
核桃油1汤匙

## 这样做：

1 鸡蛋磕入碗中，加水淀粉、少许盐搅拌均匀；

2 虾剥壳，去虾线后取虾仁，切成丁。

3 豌豆和玉米粒洗净，放入沸水中焯烫熟后捞出，沥干水分备用；

4 将核桃油倒入锅中烧至五成热，放入虾仁丁炒至变白，加入豌豆和玉米粒一起翻炒均匀，再加入米饭炒散，加盐调味，最后翻炒均匀，盛出备用；① ② 》

5 平底锅里倒少许核桃油，倒入打散的鸡蛋液，轻轻晃动锅，让蛋液分布均匀，小火煎至蛋皮八成熟；③ 》

6 将炒好的米饭放在蛋皮的一端，盖上另一半蛋皮做成蛋包饭，用勺子压紧蛋皮的边缘，小火煎至蛋皮完全凝固，将做好的蛋包饭盛入盘中，淋上番茄酱即可。④ 》

呀，缤纷乐园 ▶

## 宝贝很爱吃

蛋包饭鲜艳的色彩和漂亮的造型,一出场就将宝贝牢牢吸引到了餐桌上。两只小手端着盘边,就像是把阳光捧在手里,一边扭头冲我甜甜地笑,我家宝贝怎么会这么可爱?

# 南瓜杂粮软米饭

## 准备好：

小南瓜2个
大米30克
葡萄干30克
玉米糁10克
小米20克
薏米20克

## 这样做：

1 提前一夜将大米、薏米、玉米糁和小米泡涨，葡萄干切成细末，玉米糁放进料理机打成细末；

2 将小南瓜洗净，切去顶部，挖去内瓤，做成南瓜碗；① 》

3 将泡好的食材和葡萄干混合，装入南瓜碗里，盖上南瓜盖，放入蒸锅中，蒸至米饭熟软即可。②③④ 》

装点小秘密

## 宝贝很爱吃

可爱的南瓜造型一上桌，宝宝就迫不及待地用手
去抓了。鼓励他用小手揭开小南瓜盖，哇，原来
是香喷喷的杂粮饭。

# 翡翠肉松菜饭

## 准备好：

青菜2棵
大米100克
煮熟的胡萝卜1片
肉松适量

## 调料：

橄榄油1茶匙

## 这样做：

1 大米淘洗干净，倒入适量清水，加入橄榄油，按下"煮饭"键开始煮饭；① 》

2 将青菜充分洗净后切成青菜碎备用；② 》

3 大米快煮熟时加入青菜碎拌匀，继续焖煮至米饭熟；

4 将胡萝卜片剪成心形，垫在容器底部，盛一些米饭装入容器内压平，再铺薄薄一层肉松，再铺上一层米饭，直到容器被填平后，将米饭压紧实；③ ④ ⑤ 》

5 将容器倒扣在盘子里，肉松菜饭就做好了。⑥ 》

加点水，才能煮熟呀

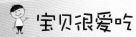 宝贝很爱吃

用双手为宝宝高高垒起一座"塔"，搭起我满满的爱。看着它被宝宝一层一层地吃下肚，一旁的我，内心满是欢喜。

# 小蜜蜂饭团

## 准备好：

米饭1碗
水煮鹌鹑蛋1个
海苔1片
豌豆2粒
胡萝卜2片
西蓝花1棵
面条1根

## 调料：

盐少许

## 这样做：

1 将米饭、鹌鹑蛋蛋黄、盐混合拌匀，分别包保鲜膜捏成图中的头和身体，海苔裁好包住头部顶端的1/3，剩下的切成条卷住身体，再分别包保鲜膜固定；

2 海苔剪出眼睛和嘴巴的形状，鹌鹑蛋对半切开成椭圆形的翅膀，煮熟的豌豆插2根面条做触角，焯过的胡萝卜剪成圆形作脸颊；

3 西蓝花掰成小朵，洗净后，蒸熟，铺在容器两边；

4 把饭团装进便当盒，脸部配件蘸少许温水贴好；

5 将面条折成火柴棒状，用以固定头部、身体和翅膀即可。

# 番茄青菜蛋饼

## 准备好：

青菜1棵
番茄1个
鸡蛋2个
小番茄2个
全麦面粉100克

## 调料：

盐少许
橄榄油1/2汤匙

## 这样做：

1 青菜洗净切碎，小番茄洗净，去皮后切成小丁；

2 鸡蛋打散，加入全麦面粉、番茄丁、青菜碎，再加入盐，搅拌均匀；

3 油锅烧热，倒入橄榄油烧至七成热，将蛋液倒入锅内，煎至两面金黄后盛入盘中；

4 小番茄洗净，对半切开，摆在盘边即可。

# 西葫芦蛋饼

## 准备好：

西葫芦 1/2 根
鸡蛋 1 个
面粉 30 克
虾皮 10 克
Hello Kitty 模具
黄瓜 3 片
青菜叶 1 片
胡萝卜少许
海苔 1 片

### 调料：

盐少许
橄榄油 1 汤匙

## 这样做：

1 西葫芦洗净，用刨丝刀擦成丝，放入大碗中，加盐搅拌均匀；① 》

2 鸡蛋打散，取一半的量；

3 至西葫芦稍变软腌出水后，加入鸡蛋液、面粉、虾皮搅拌均匀；② ③ 》

4 油锅小火烧热，倒入面糊，用铲子摊平，两面煎至金黄后取出放凉，用模具压出轮廓。④ ⑤ ⑥ 》

5 胡萝卜洗净，煮熟后剪出蝴蝶结形状，用作 Hello Kitty 的发夹，再将海苔剪出眼睛、嘴巴和胡须的形状，点缀在 Hello Kitty 的脸上；

6 黄瓜片对半切开，在盘中摆成风车形状，再用洗净的青菜叶和剩余的胡萝卜装饰成菜园即可。

看我的神奇"瘦身"术

## 宝贝很爱吃

　　宝贝看到小区里的小猫咪，就会流露出一脸的惊喜表情，特意为他买了Hello Kitty的模具，不仅是做蛋饼，做饼干也能用上。眼前这只跑进菜园的小"猫咪"，宝贝，你喜欢吗？

2步以上

# 胡萝卜肉丝饼

## 准备好：

胡萝卜1/4根
熟瘦肉细丝50克
面粉100克

## 调料：

盐少许
橄榄油1/2汤匙

## 这样做：

1 胡萝卜洗净擦成丝，加入炒熟的肉丝、面粉、盐和适量清水，调成面糊，搅拌均匀；① 》

2 煎锅内倒入油，烧至五六成热，舀一大勺面糊放入煎锅中，摊成厚约半厘米的圆饼状，煎至两面金黄即可。② 》

# 香菇鸡腿饭

## 准备好：

大米100克
胡萝卜1/2根
鸡腿3个
干香菇10朵

## 调料：

姜4片
蒜4瓣
盐少许
生抽2汤匙
老抽1/2汤匙
料酒1/2汤匙
植物油1汤匙

## 这样做：

1 鸡腿去骨后切小丁，加盐、生抽、老抽、料酒拌匀腌15分钟，胡萝卜洗净、切小丁，干香菇洗净、用温水泡1小时后切片（泡发香菇的水不要倒，留着备用）；

2 炒锅倒油烧热，放入姜、蒜爆香；

3 放入腌好的鸡腿丁，翻炒至变色，加入香菇、胡萝卜丁翻炒均匀；

4 加入一大碗泡发香菇的水，再加少许盐、生抽、老抽翻炒均匀，盖上锅盖，煮沸后关火；

5 大米淘洗干净后放入电饭煲内，放入烧好的香菇鸡丁，加入足量汤汁（汤汁不够的话可以加清水），启动电饭煲"煮饭"模式，将饭煮熟软即可。

# 白酱蝴蝶意面

## 准备好：

蝴蝶意大利面80克
面粉15克
牛奶80毫升
南美虾3只
豌豆适量
玉米粒适量

## 调料：

盐少许
蒜1瓣
洋葱20克
黑胡椒粉少许
橄榄油1汤匙
黄油10克

## 这样做：

1 锅烧热，放入黄油熔化，加入面粉，小火翻炒；

2 分3次加入牛奶，边加边搅拌至没有面疙瘩，加盐和黑胡椒粉调味，煮到黏稠后将做好的白酱盛出；

3 另取一锅，水沸腾后放入意面，加盐煮8~10分钟；① 》

4 蒜和洋葱分别洗净、切碎，南美虾洗净后，挑去虾线；

5 锅烧热，倒入橄榄油，放入洋葱碎、蒜碎炒香后，倒入虾、洗净的豌豆和玉米粒翻炒；② 》

6 加入煮好的蝴蝶意面，翻炒均匀，再加少许盐调味；③ ④ 》

7 装盘盛出，倒入煮好的白酱，拌匀即可。

蝴蝶菜飞呀飞，飞进菜园中

## 宝贝很爱吃

宝贝很喜欢蝴蝶结之类的东西，所以果断选择这个造型的意面，奶香浓郁的奶油白酱也很适合小朋友吃，何况还有豌豆、玉米粒这两种讨喜的食材。

# 金鱼蒸饺

## 准备好：

猪肉末80克
虾仁50克
胡萝卜1根
面粉160克
奶酪1片
海苔1片
葱1根

## 调料：

盐少许
葱姜末少许
白糖适量
生抽1/2汤匙
植物油1/2茶匙

## 这样做：

1 胡萝卜洗净，切成小块，加清水用搅拌机搅打碎（留少许胡萝卜，切片、切碎备用），用网筛过滤出胡萝卜汁，煮沸；① 》

2 将煮沸的胡萝卜汁加入面粉中，手揉成光滑的面团，盖上保鲜膜醒发30分钟；② 》

3 猪肉末加入剁碎的虾泥搅拌均匀，再加入盐、白糖、葱姜末、胡萝卜碎、生抽，用筷子顺一个方向搅拌至肉馅上劲；③ 》

4 将醒发好的面团搓成长条，再切成等份的小剂子，用手掌按压扁；

5 用擀面杖将小面团擀成薄圆皮，把圆皮的小半边翻上来，中心放上馅料，另外半边的皮翻上来对折捏紧，未闭口的一端向上捏紧做成金鱼嘴；④ ⑤ ⑥ 》

6 未闭口的一端用剪刀剪出两边尾巴，用牙签压出鱼尾的花纹，将尾部从中间剪开，再捏紧鱼身和尾部相连的地方，金鱼就做好了；⑦ 》

7 盘子里刷一层薄薄的植物油，放上包好的金鱼饺，水开后转中火蒸12分钟左右；⑧ 》

8 用奶酪压出金鱼的眼睛，再用海苔剪出眼珠，贴在鱼上；

9 最后用洗净的葱装饰成水草、胡萝卜片剪成五角星的形状即可。

形象逼真的金鱼饺简单装饰就很精致，难怪宝贝对盘中的这两只小动物也是爱不释手，抓在手里摇啊摇，仿佛在水中游动。

1岁以上

1

2

3

4

5

6

7

8

# 鲜肉白菜水饺

## 准备好：

猪肉200克
白菜叶3片
香菇3朵
胡萝卜1/2根
虾仁100克
面粉500克

## 调料：

盐少许
白糖适量
葱姜末少许
生抽1汤匙
芝麻油1/2汤匙

## 这样做：

1 白菜叶洗净后切末，加盐腌20分钟，将腌出来的水分挤去；

2 香菇、胡萝卜洗净、切末；

3 猪肉和虾仁分别剁成末，加1汤匙清水，加入盐、白糖、葱姜末、生抽、芝麻油，按顺时针方向搅拌均匀，再加入挤去水分的白菜末、胡萝卜末、香菇末，继续顺时针搅拌均匀；① ② ③ 》

4 面粉加少许盐混合均匀，加入适量清水，揉成光滑的面团，盖上保鲜膜醒发30分钟，然后搓圆，切成等大的小剂子；④ 》

5 小剂子擀成饺子皮，包入馅料，捏紧收口，包成饺子；⑤ ⑥ ⑦ 》

6 锅中大火烧开足量的水，水开后，下入饺子，用筷子顺锅边搅动，使饺子转起来，以防粘锅；

7 盖上锅盖，大火煮沸，添1小碗冷水，继续盖锅盖煮，共添3次冷水，打开锅盖，见表皮鼓起有弹性时关火出锅即可。⑧ 》

### 宝贝很爱吃

"妈妈牌"水饺，满满的母爱，营养搭配也均衡。给宝宝把小手洗干净，让他坐在自己的餐椅上，将水饺装在他最喜欢的小鱼餐盘里，一会儿就全进了他的小肚子了。

1岁以上

# 三丝炒面

## 准备好：

面条50克
胡萝卜1/4根
圆白菜叶2片
猪里脊肉30克

## 调料：

盐少许
干淀粉适量
儿童有机酱油1茶匙
植物油1/2汤匙

## 这样做：

1 将猪里脊肉切成细丝，加适量清水、干淀粉、儿童有机酱油，拌匀后腌10分钟；① 》

2 胡萝卜和圆白菜叶分别洗净、切丝备用；② 》

3 将面条放入开水锅中煮至九分熟，捞出沥干水分；③ 》

4 炒锅里倒油烧热，放入肉丝煸炒至变色后盛出；④ 》

5 锅里留底油，放入胡萝卜丝和圆白菜丝煸炒至断生；⑤ 》

5 放入煮好的面条和肉丝翻炒至面条熟软，最后加盐调味即可。⑥ 》

揉揉捏捏，好舒服

## 宝贝很爱吃

我家宝贝很喜欢吃面条，不过老是图方便给他做汤面吃，估计也吃腻了，今天换个花样做个炒面。油亮亮的色泽很是诱人，把面条弄短一点放到他的小碗里，都等不及用叉子，直接上手了。

# 蝴蝶卷

## 准备好：

面粉250克
配方奶135毫升
酵母3克
奶酪1片
海苔1片
白菜叶1片
胡萝卜1片
火腿肠1段
葱1段

## 调料：

植物油1茶匙

## 这样做：

1 将面粉（留少许备用）、配方奶和酵母放入盆内，搅拌均匀，揉成光滑的面团，盖上保鲜膜，放在温暖处发酵至2倍大；①》

2 发酵好后，撒少许面粉，将面团再次揉匀，分成6个面团，分别搓成长条状，从两端卷起，卷成如图状；②③④》

3 用筷子在圆圈部位中间紧紧地夹起来，做出蝴蝶翅膀，蝴蝶触须处截断；⑤》

4 蒸笼刷少许油，摆放上馒头生坯，醒发30分钟，大火上汽后，转中火蒸12分钟，关火后不要揭开锅盖，继续闷3分钟。⑥》

5 取出蒸熟的蝴蝶卷，放入盘中，周围可用奶酪、海苔、白菜叶、胡萝卜、火腿肠和葱简单作装饰。

白胖子，圆又圆

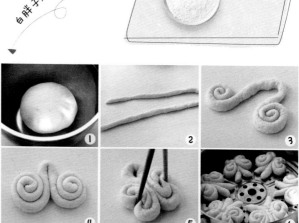

## 🧒 宝贝很爱吃

家里的宝贝对圆乎乎的白馒头，总是爱不起来，让他吃一口可是件难事，可自从我做了蝴蝶形状的馒头后，小家伙满心欢喜，总要自己动手抓着吃。

# 玉兔包

## 准备好：

奶黄包子皮原料：
面粉250克
酵母3克
盐4克
白糖10克
温水25毫升
牛奶100毫升

奶黄馅原料：
黄油35克
鸡蛋2个
玉米淀粉35克
配方奶粉40克
牛奶85毫升
白糖60克

装饰：
胡萝卜碎少许

## 这样做：

面皮制作：

1 用温水将酵母溶化后加入面粉中，再加入盐、白糖和牛奶，用筷子搅拌；① 》

2 揉成光滑的面团，蒙上保鲜膜，放置温暖湿润处醒发，待面团发酵至2.5倍；

3 发酵好的面团揉至排出内部气体，均匀切成8等份待用；② 》

奶黄馅制作：

4 黄油室温软化后打散，分2次加白糖，打至松发；

5 将鸡蛋打散，倒入装有黄油的盆中，分3次筛入玉米淀粉和配方奶粉，每次加入后搅拌均匀；

6 将牛奶倒入，搅拌均匀，中火隔水蒸25分钟，其间不断搅动，直至形成凝固状，取出晾凉；

奶黄包制作：

7 8份面团分别擀成面皮，包入奶黄馅，捏成橄榄球状，用厨房专用剪刀剪出两只耳朵，再取碎胡萝卜装饰成眼睛，放锅内蒸20分钟左右即可。③ ④ 》

## 🧒 宝贝很爱吃

面点这类食物，做成小动物模样总会格外受到小朋友的喜爱。这不，我为宝贝做的这个玉兔包，令小家伙眉开眼笑，小心翼翼地捧起一只，像是怕吓坏手中的"小兔"。

2岁以上

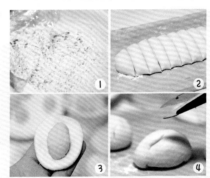

# 红豆大米饭

## 准备好：

红豆20克
大米30克

## 这样做：

1 红豆洗净，用水浸泡一夜，将泡好的红豆倒入锅里，加足量水；① ②》

2 大火煮开后转小火煮10~15分钟，煮至红豆用手指可以研碎的状态；

3 将红豆和洗净的大米一起倒入电饭煲内，倒入煮红豆的水，启动电饭煲"煮饭"模式，煮至饭熟即可。③ ④ ⑤ ⑥》

喝饱水，肚子变胀又变软

**宝贝很爱吃**

对于宝贝来说，米饭里加入红豆，就是加了惊喜和乐趣。晶莹的大米中透着色彩，非常诱人，小家伙用小手指粘起一粒一粒的红豆放入口中，吃个不停。

# 凉拌鸡丝

## 准备好：

鸡胸肉200克
黄瓜1/2根
胡萝卜1/2根

## 调料：

盐少许
葱1根
姜2片
白糖适量
芝麻油1汤匙
儿童有机酱油1/2汤匙
醋1/2汤匙

## 这样做：

1 将黄瓜和胡萝卜分别洗净、切丝；① 》

2 胡萝卜放入沸水中，煮熟后捞出；② 》

3 鸡胸肉洗净后放入锅中，加水、葱、姜煮30分钟；
③ 》

4 鸡胸肉煮熟后捞出放凉；

5 将熟鸡胸肉撕成鸡丝，加黄瓜丝、胡萝卜丝混合；
④⑤ 》

6 加芝麻油、儿童有机酱油、醋、盐、白糖拌匀即可。
⑥ 》

比一比，看看谁的腰更细

## 宝贝很爱吃

先不说味道如何，光是色彩，就已经足够吸引宝贝的眼球了。小家伙还不会用筷子，贪玩的他拿起一根放进嘴里，像吃面条似的一点一点地嚼，样子有趣极了。

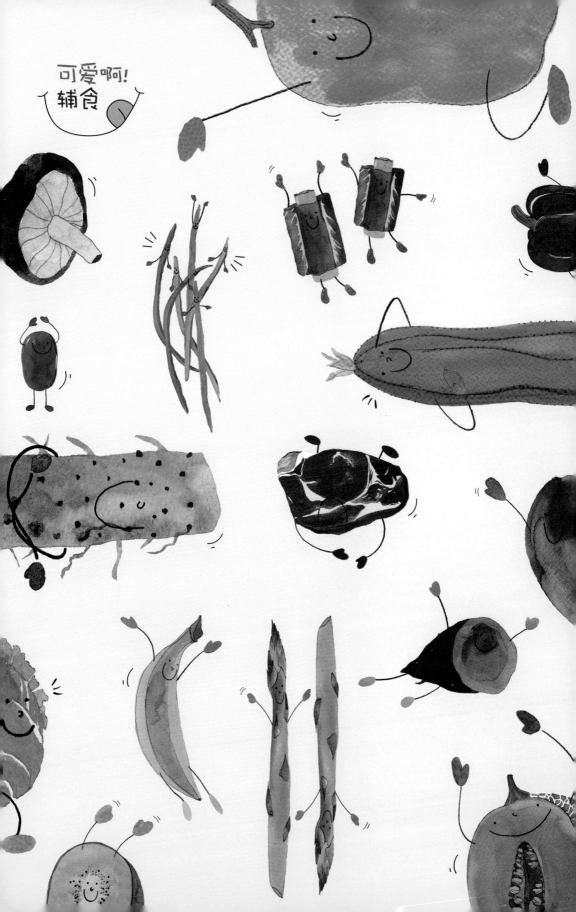

可爱啊!
辅食

妈妈的花样

小·零食

# 迷你一口华夫饼

## 准备好：

低筋面粉 100 克
配方奶粉 10 克
芝士粉 10 克
全蛋液 25 克
华夫模具

## 调料：

糖粉 30 克
黄油 50 克

## 这样做：

1 将所有的粉类拌匀，过筛在盆中；① 》

2 黄油切小丁，加入粉中，用手将黄油和粉类搓成颗粒状，加入全蛋液，拌匀成团；②③④ 》

3 将面团平均分成 8 克的小面团，在手中揉成小圆球；⑤ 》

4 华夫模具放在小火上预热好，将揉好的圆球放在华夫模的十字中央；⑥ 》

5 合上模具，始终用小火加热，不停地移动模具使其受热均匀，2 分钟后翻面烤另一面，再烤 2 分钟即可。

要做个细腻的妹子

## 宝贝很爱吃

哪有宝贝不爱吃零食的呢？这款迷你华夫饼是我家的常备食物，通常作为下午茶的小点心，搭配几颗草莓或1杯牛奶，立马勾出宝贝的小馋样儿。

小叮咛

没有模具也□□□，用干
净的厨房剪刀将□□□成
可爱的形状也可以。

2岁以上

# 番茄吐司小比萨

## 准备好：

白吐司1片
番茄1片
熟金枪鱼肉20克
奶酪碎30克
小熊模具

## 这样做：

1 用小熊模具将白吐司按压出小熊形状；

2 撒上奶酪碎；

3 铺上番茄片，在番茄上铺上熟金枪鱼肉；

4 最后撒少许奶酪碎；

5 平底锅不加油，小火加热至奶酪熔化即可。
  （或者烤箱190℃烤10分钟）

金枪鱼里的卵磷脂和DHA

我被认为是"动物中的人参"，所含的卵磷脂和DHA
对宝宝神经系统和身体发育有很大的帮助。

# 小熊口袋三明治

## 准备好：

全麦吐司4片
熟金枪鱼肉40克
水煮鹌鹑蛋5个
小熊模具

## 调料：

巧克力酱少许

## 这样做：

1 水煮鹌鹑蛋切小块，与熟金枪鱼肉拌在一起，制成馅料放在一片全麦吐司上；① ② 》

2 盖上一片吐司，用小熊模具用力地按压下去；③ 》

3 取出模具，去除周边多余的面包边角料，再用巧克力酱涂抹上小熊的五官和耳朵即可。④ 》

# 愤怒的小鸟吐司

## 准备好：

白吐司2片
火腿片2片
胡萝卜1/4根
黑橄榄1个
鹌鹑蛋2个
西蓝花1棵

## 调料：

盐少许
番茄酱少许
植物油1/3茶匙

## 这样做：

1 用厨房剪刀将火腿片剪成小鸟的外轮廓，注意头发不要剪断了；① 》

2 将白吐司剪成水滴形，火腿片的下方剪成弧形；② ③ 》

3 黑橄榄切成小圈，再切断，做成小鸟的眉毛；④ 》

4 鹌鹑蛋煮熟后切片，用作小鸟的眼白，再将黑橄榄切成小块点缀在眼睛中间；⑤ 》

5 胡萝卜切成三角形，用作小鸟的嘴巴；⑥ 》

6 西蓝花掰成小朵，放入加了盐和油的沸水中焯烫至断生，摆放在小鸟下方，胡萝卜剪成小花状，点缀在西蓝花上，挤上番茄酱即可。

吐司大哥，变身

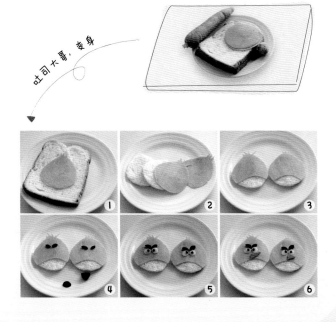

宝贝很爱吃

前两天爸爸给宝贝买了一个愤怒的小鸟玩偶，立马就变成他的"新宠"，到哪都得带着。既然这么喜欢，索性为宝贝做了这个愤怒小鸟吐司。

2岁以上

# 香蕉软饼

## 准备好：

自发粉150克
配方奶240毫升
全蛋液25克
香蕉泥100克

### 调料：

糖粉30克
黄油35克

## 这样做：

1 将配方奶、全蛋液、室温融化的黄油混合拌匀；

2 自发粉中加入糖粉，再倒入混合好的牛奶鸡蛋液，用手动打蛋器搅拌均匀，至无颗粒的状态，加入香蕉泥，搅拌均匀；

3 将平底锅放在小火上加热，抹薄薄一层黄油；

4 用勺子舀1勺面糊倒在锅里，待面糊自然摊开到8~10厘米直径时，停止倒入面糊；

5 小火煎至上面的面糊完全变色，翻面后继续煎1分钟左右即可。

小叮咛

当宝宝1岁以后,可以根据个人口味加点白糖调味。

# 奶香水果燕麦羹

## 准备好:

燕麦片35克
配方奶210毫升
枸杞10粒
猕猴桃1个

## 这样做:

1 枸杞用温水浸泡一会儿;

2 猕猴桃去皮,切块备用; ①》

3 将配方奶倒入锅中,再加入燕麦片; ②》

4 中小火煮至刚刚沸腾,加入泡好的枸杞; ③》

5 煮2分钟后关火,加猕猴桃,稍微搅拌即可。④》

2岁以上

# 水果雪糕

## 准备好：

酸奶400毫升
猕猴桃1个
樱桃5颗
杧果1/2个
雪糕模具2个

## 这样做：

1 樱桃放入淡盐水中浸泡30分钟，取出清洗干净，去核、对半切开；

2 猕猴桃去皮切片，杧果去皮切小块；

3 将所有处理过的水果和酸奶，分2份倒入雪糕模具中，放入冰箱冷冻后取出即可。

杧果里的维生素A

我的胡萝卜素含量非常丰富，明亮宝宝双眼靠我啦！

# 杧果沙冰

**准备好：**

杧果150克
配方奶30毫升

**这样做：**

1 将杧果去皮后切成块状，放入冰箱冷冻2小时；

2 将冻好的杧果和配方奶一起放入搅拌机里，搅打成杧果沙冰即可。

# 自制肉松

## 准备好：

猪瘦肉300克

## 调料：

生抽1茶匙
白糖适量
盐少许
白芝麻适量
姜2片
葱1段
八角1个
植物油1/2汤匙

## 这样做：

1 将猪瘦肉切成约4厘米的厚片，放入开水中烫去血水后捞起洗净，再放入锅中，加姜片、葱段、八角，大火煮开后转小火煮1小时左右；① 》

2 待猪肉煮成一压就散开的状态时，取出，用手撕成肉丝；② ③ 》

3 锅里抹一层油，将肉丝放入锅中，再以中小火不断翻炒；④ 》

4 水分炒干时，加入生抽、白糖、盐，继续翻炒；⑤ 》

5 炒到黄褐色时加白芝麻同炒，炒出香气即可。⑥ 》

聚会在锅里

2岁以上

 宝贝很爱吃

儿子喜欢吃肉，所以我为他做了这个肉松，自己家做的肉松，
可以少油、少糖、少盐，而且不添加任何防腐剂，用的肉也
是新鲜的。

## 草莓奶昔

**准备好：**

牛奶200毫升
酸奶200毫升
草莓10个

**这样做：**

1 草莓用淡盐水浸泡10分钟后冲洗干净、去蒂；

2 将牛奶和酸奶混合倒入料理机内，加入去蒂的草莓；① 》

3 启动料理机，搅打10秒左右即可。② 》

酸奶里的乳酸菌 → 我的钙含量丰富，发酵后产生的乳酸菌可以有效提高钙、磷在人体中的利用率。

# 牛油果奶昔

## 准备好：

牛油果1个
香蕉1根
牛奶300毫升

## 调料：

蜂蜜1茶匙

## 这样做：

1 香蕉去皮、切块，牛油果对半切开、去核，挖出果肉，切块；① 》

2 将牛奶、切块的香蕉、牛油果一起放入料理机中，倒入蜂蜜，搅打成奶昔即可。② ③ ④ 》

# 脆皮炸鲜奶

## 准备好：

奶冻材料：
牛奶250毫升
白糖35克
玉米淀粉25克

面糊材料：
面粉50克
玉米淀粉20克
泡打粉1.5克

### 调料：

植物油3汤匙

## 这样做：

1 牛奶里加入白糖、玉米淀粉搅匀，搅到无干粉、奶液均匀即可；

2 将搅拌好的奶液用小火熬煮至稠糊状；① 》

3 倒在抹了油的容器中晾凉；② 》

4 将奶糊放入冰箱冷冻30分钟，取出切块；③ 》

5 将制作面糊所需的面粉、玉米淀粉、泡打粉混合，加入90毫升的清水搅拌均匀；

6 将奶条均匀地裹上面糊；

7 锅内倒油，油温烧至六七成热时，下入裹好面糊的奶条；④ 》

8 奶条炸至皮脆微黄便可捞出，然后码盘上桌即可。

咦，面粉的改造魔法

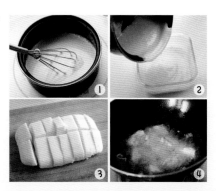

2岁以上

 **宝贝很爱吃**

冻奶条炸得外皮酥脆微黄、内里柔软，而且奶
香浓郁、香甜可口，别说我家两个宝贝了，就
连我也喜欢得很。

妈妈的花样小零食 **205**

## 糖水黄桃

### 准备好：

黄桃2个

### 调料：

冰糖35克
柠檬汁1茶匙

### 这样做：

1 黄桃洗净，削皮、去核，将果肉切成厚片；

2 将黄桃果肉和冰糖放入锅中，加入适量清水，中大火煮开后，转中小火煮约5分钟；

3 煮至黄桃果肉变软，加入柠檬汁拌匀，放凉后即可食用。

黄桃里的胡萝卜素

我含有丰富的胡萝卜素，软中带硬、甜香可口，适量食用可以促进宝宝的食欲。

2岁以上

# 蓝莓酸奶小盆栽

## 准备好：

酸奶100毫升
蓝莓4颗
奥利奥饼干1块
薄荷叶适量

## 这样做：

1 蓝莓洗净后，和酸奶一起放入搅拌机里，搅打成蓝莓酸奶昔；

2 奥利奥饼干去除夹心，放入保鲜袋里，用擀面杖擀成饼干碎；

3 将蓝莓酸奶昔装入小杯中，撒上饼干碎，再点缀上薄荷叶即可。

**图书在版编目 (CIP) 数据**

可爱啊！辅食 / 薄灰著 . -- 南京：江苏凤凰科学技术出版社，2017.5（2017.10重印）
（汉竹·亲亲乐读系列）
ISBN 978-7-5537-8007-8

Ⅰ. ①可… Ⅱ. ①薄… Ⅲ. ①婴幼儿－食谱 Ⅳ. ① TS972.162

中国版本图书馆 CIP 数据核字 (2017) 第 029623 号

中国健康生活图书实力品牌

**可爱啊！辅食**

| | | |
|---|---|---|
| 著　　　者 | 薄灰 | |
| 主　　　编 | 汉竹 | |
| 责 任 编 辑 | 刘玉锋 | 张晓凤 |
| 特 邀 编 辑 | 徐键萍 | 许冬雪 |
| 责 任 校 对 | 郝慧华 | |
| 责 任 监 制 | 曹叶平 | 方晨 |

| | |
|---|---|
| 出 版 发 行 | 江苏凤凰科学技术出版社 |
| 出 版 社 地 址 | 南京市湖南路 1 号 A 楼，邮编：210009 |
| 出 版 社 网 址 | http://www.pspress.cn |
| 印　　　刷 | 南京新世纪联盟印务有限公司 |

| | |
|---|---|
| 开　　　本 | 720mm×1000mm　1/16 |
| 印　　　张 | 13 |
| 字　　　数 | 100 000 |
| 版　　　次 | 2017 年 5 月第 1 版 |
| 印　　　次 | 2017 年 10 月第 2 次印刷 |

| | |
|---|---|
| 标 准 书 号 | ISBN 978-7-5537-8007-8 |
| 定　　　价 | 39.80 元 |